如何なる必然に見える敗北にも
初めから決まっている敗北などない
それは、一つ一つの
決断の積み重ねなのだ

戦場の科学

勝利へのアルゴリズム

菊地英宏　著
山口多聞記念国際戦略研究所

はるかぜ書房

もしも、あの日に帰れたら、失われた命のかけらを
拾い集めるのではなく、
一人一人の人生を取り戻してあげたい。
すべての失われた命にとって
この理論が鎮魂の歌となることを願って

山口多聞提督（中将）
昭和 17 年 6 月 6 日　ミッドウェー島沖にて散華

大海より祖国日本を見護る山口多聞提督に捧ぐ

推薦文

出撃する前の父は、普段は我が家の玄関と門で二度、我々に向かって敬礼するのにミッドウェー作戦に出撃前の時は玄関だけで一礼し、一切我々に振り返ることなく出撃していった。思うに、その時、父は既に死を覚悟していたと思う。

菊地英宏さんとは、彼が筑波で研究員をしている時に手紙をもらって知り合った。手紙には、ミッドウェー作戦で亡くなった私の父への思いが切々と綴られていた。その後、彼と共にミッドウェーについて講演をした。今回、彼が出版するのは、その時の講演資料が基になっている。

数式が出てきたりして戦争を分析している辺りはやはり彼は工学博士なのだと思う。戦艦を空母と共に活用するアイデアは興味深く、父の時代に彼の様な素晴らしい参謀がいれば、結果がどうなっていたかは、一考に値すると思う。皆さんに是非とも一読をお薦めしたい。

山口　宗敏

[編集部注 : 山口多聞提督令息]

推薦のことば――新しい波への期待

日本大学名誉教授　都竹　卓郎
[編集部注 : 元・戦艦大和乗組通信士官 海軍大尉 1922-2018]

少々風変わりな書き出しで恐縮だが、推薦の辞とは例えば著者自身が人生の比較的若い時期に、何かと面倒を掛け薫陶を受けた恩師とか師匠格の先輩、あるいは当該学問分野で夙に盛名を確立している碩学泰斗の方に書いて戴くのが通例で、その何れでもない門外漢の私が罷り出て、この『戦場の科学』と銘打たれた著者の野心作に対し、生半可な知識で書評めいた話をするのは、僭越ではないかという戸惑いも、正直心の底に去来した。

一方、すでに卒寿の峠を越え文字通り人生の白秋に臨んでいる老兵の私が、有能な後進の一人と信ずる菊地さんの「新しい波」への果敢な挑戦に、率直なエールを贈ることは、素直に眺めて貰えばまあ微笑ましい光景の一つであるかも知れず、それなりの意義も在りそうに段々思えて来たので、図々しく気を取り直し一文を草することとした。

然様に危なっかしい面もある私の資格談義に、何らかの肯定要素を持ち込むとすれば、日米開戦が翌年末に迫っていた昭和 15 年秋自ら志を立てて海軍兵学校に入り、18 年夏の卒業後は直ちに現役正規将校として最前線に赴き、既に落日の様相を呈しつつあった太平洋戦争後半の戦局の中で、質量共に圧倒的優勢を誇る米軍の大攻勢の矢面に立ち、悪戦苦闘を続けた典型的戦中派の実体験を挙げさせて戴く分には、殊更異存の向きは少ないであろう。

一緒に兵学校を卒業した同期625名の半ばを超える335名は、高々2年に満たぬ短い参戦期間中、2日に1人という凄まじいレートで、20才そこそこの短い生涯を次々と閉じて行った。この紛れもない事実は、ごく簡易な文面でよいから我が国の青史(せいし)の碑面に、きちんと刻み込まれて然るべき一事ではなかろうか。ずいぶん昔のことだが、第1次大戦終結直後のイギリス国会で、時の首相アスキスが過ぎしソンムの会戦を顧み、「未だ開かぬ蕾のような人生を」とまで云ったところで暫(しば)し壇上で絶句し、落涙したという記事を読んで感動を覚えた記憶があるが、我が国の国会で斯様(かよう)な心を揺さぶる光景が、これまでに在ったか否か寡聞にして承知しない。

私と菊地さんとの出会いは彼これ3年余り前になろうか、「伊呂波会(いろはかい)」という名の、最初は旧日本海軍の潜水艦乗りと関係者、その後少しづつ水上艦艇や飛行機乗りなどヘテロな分子も加わって次第に変貌し、ついに旧老兵が姿を消して、市井(しせい)一般のほとんど海軍ファンばかりの集まりになった会合で席が隣り合い、「山口多聞記念国際戦略研究所員」というユニークな肩書と、交わした会話内容、また色白でえらく若く見えたことも手伝って、ある種の目新しさと爽やかさを感じ、以後論考や資料を時折お届け戴くようになった。

私が興味をそそられたのは、このシステム工学と呼ばれるらしい新学問分野の「モデル作り & simulation」という研究手法と、戦後海軍を退いた私自身が生業に選んだ、物理学の「自然のモデル化による数学的表示」という、伝統的研究方法論がそれぞれ果たしている役割の、類似点と相違点のコントラストであるが、文明史の流れもやはり人間の営みの一つだから、ある種の旋律を帯びても可笑しくあるまいなどと、独り合点で納得している。

現時点で著者の議論のアクセントが、ミッドウエー海戦に置かれがちなのは、この研究がなされるに至った動機や経緯から見て当然の結果で、肯綮(こうけい)に値する指摘も非常に多い。

南雲艦隊の精鋭をすぐった友永大尉指揮の第１次攻撃隊を、さしたる対艦攻撃力を持たぬ陸上航空基地に漠然と指向し、直援のゼロ戦が敵の要撃戦闘機の大半を撃墜して、味方の艦爆，艦攻隊には指１本触れさせなかったが、レーダーで来襲を予知し空中避退していた敵の爆撃機群を捕捉出来ず、飛行場施設の爆撃も艦上機の携行爆弾量では十分な成果を挙げ得なかったことは、正に著者が指弾する２割の精鋭の無駄遣いの、最たる事例といってよいであろう。

さらに、その第１次攻撃隊の帰投収容時に採られた措置が、第２次攻撃隊発進の遅れという取り返しのつかぬ事態を招いたことには、悔やんでも悔やみ切れぬ思いを禁じ得ない。

この著者の評価されるべき見識は多々あり、「独伊との同盟は無意味どころか、マイナスでしかなかった」と明快に喝破していることも顕著な一つであるが、その英独開戦時期との相関に言及したくだりに、私には一部意味を酌み取り兼ねる箇所があって、若干気になっている。混み入った問題の一部で些末な理解の齟齬(そご)が生じるのは別段珍しくないが、いずれ論点を整理して著者とも刷り合わせてたいと思っている。

ミッドウエー攻略に失敗し、開戦時以来の進攻段階が終りを告げた昭和17年夏以降は、南太平洋・ソロモン群島を舞台とする鍔迫(つばぜ)り合い段階が１年半近く続き、この間に海空両面での彼我の戦力格差は圧倒的に開き、19年夏には内南洋・中部太平洋の制海権を失い、晩秋には一挙フィリピン海域まで攻め込まれ、文字通り満目の敵と連日渡り合う悪戦苦闘の日々がが続いた。

既に述べた通り、私の実戦体験は全てこの２年足らずの戦争の後半期に集中しており、当時の旧部下たちも、２隻目山城の副砲幹部分隊の30余がレイテ湾、３隻目大和の通信科分隊の６０名は沖縄海域で共に全員が戦死し、両艦を合わせ15カ月間の部下は１人も生き残っていない。いずれ菊地さんの研究がこの域まで進んで来れば、このような異常体験も考察の対象とされてよいかも知れない。

やや情緒に流れ尻切れトンボな文章になって申し訳ない。著者の研究の更なる発展と戦没将兵の永遠の鎮魂を祈り、合掌。

まえがき

筆者は、国を護ることができる日本のエリートを育成する為に本書を著した。 科学者としての筆者自身が、人々の笑顔を最も護るためにできる最上のことだと信じるからである。

一般理論の書物ではあるが、皆さんが道に迷うことがないように、可能な限り実践的に、分かりやすく書いたつもりだ。

数式の苦手な方は、数式部分を読み飛ばして下さっても構わない。本文は数式と対応し、本質的に同じことを説いているからだ。数式は誤解なく意味を説明するために用いているにすぎない。

本書執筆にあたって筆者は（この種の本にありがちな）巨大な条件分岐と分類整理のお化けを生まないことに最も注意を払った。

例えば、**本書では兵站を別項目として扱わず、すべての輸送行為が「戦力投射」の一環として扱われる**。戦艦は最前線への大砲の輸送と受け取ることができるし、空母は最前線への航空機の輸送と受け取ることができるからだ。即ち、いわゆる正面装備と呼ばれるものも、あくまで輸送装置の一つ、火力輸送の一つの形態としてとらえる。

逆に兵站など、従来は後方とされる部分でも、敵の侵入を許した箇所は直ちに最前線となるわけだから、最前線と後方とを分けるような分類は退けた。科学的に意味を為さないからである。

本書では、最も効率的な戦力投射の方法を数学的・科学的に示している。科学とは、シンプルかつ連続な概念で、非常に強力なツールである。

例えば、敵の出現可能性が０ならば輸送船に護衛は要らないが、現実はそううまくいかない。非常に強力な敵が出没する海域では、戦艦、空母、巡洋艦、駆逐艦の揃い踏みで輸送を強行する必要があるかもしれない。いっぽう、潜水艦しか出没しない海域では、護衛は、駆逐艦と飛行艇による直接護衛に加え、陸上発進の対潜哨戒機により、敵の潜水艦に浮上充電の暇を与えないことが重要になる。

制海権を失うということは、我々の輸送部隊が直接敵の主力の攻撃にさらされることを意味する。そうなると並みの護衛部隊では歯が立たない。

逆に、敵の主力を優先して叩き制海権を奪えば、敵はこちらの輸送船を叩く有力な手段を失う。すると我々は、輸送のために投射する戦力が少なくて済み、敵をさらに追い詰めることができる。つまるところ、侵入を許す敵の強度によって、我々が輸送部隊に投射すべき戦力は変わってくるのである。

では、どのように戦力を投射すれば、決戦で敵の主力を叩くことができるのか。その一番重要な部分に本書では焦点を合わせている。

本書では、従来の戦略書にある概念で切り捨てたものがいくつもある。我々の目的、すなわちあらゆる戦場で柔軟に最適解を導くことができる、極めて合理的な指揮官の育成のために、かえって障害となってしまう可能性があるからだ。

戦場で必要なことは二つある。一つは、そこで起きている物理現象の本質を短時間に理解し、最適解を導くことである。だから、複数の条件分岐に裏打ちされた浩瀚な戦略書は無用の長物となる。

もう一つは、戦闘員や、その背後にある「人間心理」を読む力である。これは『孫子』をはじめ、優れた古典（必ずしも兵法書には限らない）によって相当に体系化されているため、屋上屋を架す愚を避けた。また、精神論や名将の勘を科学的に説明・体系化することは容易ではない。本書はあくまで「数値化できるものを数値化する」ことに力を尽くしたため、これらの分野については全く扱わなかった。

この姿勢は、従来の戦略書を信じる人にとっては衝撃かもしれない。しかし、ぜひ立ち止まって考えて欲しい。**この物理法則の支配する世界では、百言を弄するより、一つの数式を示すことの方が重要なのだ。本書では数式を導入することによって、開戦・終戦の判断すら「科学的」にできるようになった。つまり、数値による検証が可能になったのである。**

ようこそ、科学の世界へ！

本書に出てくる数式には、それが導出される根拠を示し、科学の原理にできるだけ多くの人が触れられるように努めた。数値解析の結果をグラフで掲載し、式のもたらす世界も理解されるように図った。章立ても工夫し、より単純なモデリングをした式から、より高度なモデリングをした式に発展できるように、順を追って説明している（なお計算機シミュレーションには、Wolfram Mathematica 11.0 を用いた）

繰り返しとなるが、数式は誤解なく省スペースを旨とする言語である。しかし、もちろん数学が不得手の方もおられるだろう。ゆえに数式の箇所を飛ばしても「科学的な考え方」が身につくような記述を心がけた。

なお本書は軍事的な問題に対して重要な示唆を与えるが、いわゆる「実学」とは異なり、軍事についての理論科学に属するものである。もし、もっと実学に近づけるならば、実際に原子力空母や原子力潜水艦の戦力見積もりや、必要戦力算定などに触れる必要があるが、敢えてそれらに触れることを避けている。ひとたび実学よりのことに足を踏み入れると、学問としての汎用性が失われ、ある特定の時代の、特定の地域専用の学問になってしまうからである。あくまで志向するのは科学の視点、すなわち一般性（普遍性）である。

本書が暗闇を照らし、皆さんの決断の一助となれば、筆者としてこれ以上の喜びはない。

平成３０年　１２月８日

菊地　英宏

目次

推薦文　山口宗敏氏より
推薦のことば──新しい波への期待　故・都竹卓郎氏より
まえがき
目次

第１部　戦力の効果的な行使法
　第１章　戦力の稼動率を上げるために 14
　第２章　目標決定の方法（目標設定の順序性）......33
　第３章　戦力の集中と分散の利用 44

第２部　戦争設計と方程式　（工業力の導入）
　第４章　戦争の数学的設計 64
　第５章　戦争の基本方程式の応用 82

第3部　さらなる発展
　第６章　リソース投入関数の導入と
　　　　　　　微分方程式による国家の意思決定......98
　第７章　作戦立案と確率論 109
　第８章　形作る者が勝利を手にする 114
　第９章　平和構築の科学理論 117

二枚の表紙の狭間で
あとがき

第１部 戦力の効果的な行使法

攻撃は最大の防御という言葉がある。これは、相手の戦力を先んじて減じることにより、その後の味方の被害を軽減することが可能であることを指している。第１部では、効果的な力の行使の仕方を学ぶと同時に、この言葉の指す数学的な意味について解明する。

第１章では、**味方の戦力の稼働率を有効な形で上げる方法**を提示している。
第２章では、**攻撃目標の効果的な決定方法**を述べている。
第３章では、**戦力の集中と分散の利用**について論じ、その時、**戦場で起きていること**を科学的に解明している。

用いよ

されば、救われん

さもなければ、

災いは、増し

君を飲み込まん

第１章　戦力の稼動率を上げるために

本章では導入も兼ねて、ミッドウェー海戦を例に味方の戦力の稼働率を上げる方法についてケーススタディする。戦力の稼働率を上げることは、戦争の流れを有利に運ぶために極めて重要な要素であり、用兵の基本である。

この課題をクリアするために筆者は、一世代前の第一線戦力の活用を提案している。

最後に、数理モデルを用いて、あまりに世代が離れた旧来戦力を退役させる理由、近い世代を活用することが効率的である理由を説明している。

ローマの英雄カエサルは、
騎兵という決戦兵力の数に勝る
ポンペイウスと対決し、
旧来の戦力である軽装歩兵の
潜在力を引き出し、
勝利する。
これは、意外なことでもなんでもなく、
当たり前のことである。
そして、近現代においても作戦指導の根幹である。

EPISODE: ファルサロスの会戦

紀元前 48 年 8 月 9 日、ファルサロスの地でカエサルと対決したポンペイウスは、己の勝利を確信していた。騎兵という決戦兵力の兵数において、カエサルにはるかに勝っていたからだ。騎兵は機動力があり、歩兵に対して一方的に襲い掛かることができるので、一般的に有利である。

当時の戦闘の流れはこうである。まず、軽装歩兵が投げ槍を相手の楯に打ち込むことに始まる。槍が刺さった楯は使えなくなり、敵戦列は乱れて防御力が下がる。そこに長槍や剣で武装した重装歩兵の第二陣・第三陣がなだれ込むとともに、機動力に勝る騎兵が相手の側面から襲い掛かり、包囲殲滅する。

歩兵のみならず、騎兵の数においても勝るポンペイウスが対決直前まで勝利を確信していたのは不思議なことでもなんでもない。

しかし、劣勢と見えるカエサルの発した命令は、歩兵に「騎兵に対しては槍を投げず、馬上の兵を直接衝(つ)け」というものだった。それまでの対騎馬の定石であった「機動性を殺ぐために馬の脚を狙う」を真っ向から覆すこの戦法は、実際のところ効果てきめんであった。

馬は背の高く密集したものを前にすると歩みが止まる習性を持つ。馬上の騎兵は刺されるばかりのため、撤退せざるを得ない。残るポンペイウス側といえば、数で優るとはいえ単なる寄せ集め。いっぽうのカエサル麾下には、ガリア戦役を戦い抜いた精兵が揃っている。勝敗は決した。旧来の戦力が、指揮官の用兵の妙によって、性能で大きく勝る敵戦力を粉砕したのだ。

これは重大な事実を我々に突き付ける。それは「**旧来の戦力を侮ってはいけない**」ということだ。ドラスティックな軍事技術の革新の後にはままあることだが、旧来の戦力が軽視されがちなのである。一世代前くらいの戦力ならば、たとえ時代遅れの烙印を捺されようとも、立派に第一線で通用する。これを活かすも殺すも、実際は戦力のスペックではなく、用兵次第というわけである。

本章の内容は、第 5 章で説明している戦争の基本方程式の応用において、味方の戦力の稼働率を上げる方法と直結している。一世代前の戦力を、その弱点を補って運用することにより、味方戦力の効果係数を増大し、敵の効果係数の増大を抑えるということである。

艦隊保全主義		艦隊決戦主義
艦隊を温存することにより、領域の安定を維持することを主目的とする。一般に、決戦に消極的である。	**対立**	常に敵艦隊を求め見敵必戦を貫く

海軍の二つのあり方

解説

艦隊運用には二つの思想がある。一つは艦隊保全主義、もう一つは艦隊決戦主義である。艦隊保全主義は、艦隊の存在を維持することを第一義に考え、消極的作戦に徹することを言う。

一方の艦隊決戦主義は、見敵必戦を貫き、敵艦隊を求め、積極的に作戦行動を行う艦隊運用の思想である。

一般的には、艦隊保全主義は、決戦を先延ばしした方が有利になる側が採用し、艦隊決戦主義は、決戦時期が早い方が有利な側が採用する。

このため艦隊保全主義は、時期的に後になれば、援軍などの理由で、味方艦隊の増強が見込める場合に採られる艦隊運用の思想である。

優勢な側が艦隊保全主義に陥る原因

まだ、決戦は先にあるとの動機づけ

→ Ex. 日本海軍の旅順港奇襲[註1]

「この作戦において東郷平八郎[註2]連合艦隊司令長官[註3]の作戦指導は積極性を欠き、慎重に過ぎたためその成果を半ばに終わらしめた」

外山三郎 『日露海戦史の研究』より

Focus Point!

バルチック艦隊との決戦前に艦隊を消耗させたくないとの意向→決戦は先にあるとの認識。

用語解説：バルチック艦隊

帝政ロシアのバルト海艦隊の名称。日露戦争において旅順に追い込まれたロシア太平洋艦隊を救出し、併せて日本の大陸への連絡線を扼(やく)す目的で派遣された当時世界最大の艦隊。戦艦８隻は日本海軍の倍の数であった。英国の妨害もあり極東回航が遅延し、日本海海戦で壊滅した。

日露海戦における艦隊決戦主義の実現

旅順艦隊の壊滅、バルチック艦隊の来航により、バルチック艦隊を通過させれば日本の負け、阻止すれば日本の勝ちと、戦争はゼロサムゲームの様相を呈した。東郷からは迷いが消え、リスクテイクな東郷ターンに踏み切る。この時の東郷は、自軍の全滅と引き換えにしてもウラジオストク[註4]へのバルチック艦隊の回航を阻止する心構えがあった。

東郷ターンによって、回頭時に一方的に砲撃されるリスク[註5]を冒した結果、日本側は、ロシア艦隊の進路を封鎖し、全主砲と全片舷副砲を動員して、ロシア艦隊を砲撃できるようになった。

一般的には当時の軍艦の砲撃力は、数が多く射速も高い（速い）副砲が最も大きく、その理論的最大数（全片舷副砲）を動員できるようになったことは大きい。この捨て身の大胆な攻撃は、敵艦隊に痛打を与えた。

図 1.1 リスクテイクな東郷ターン図説

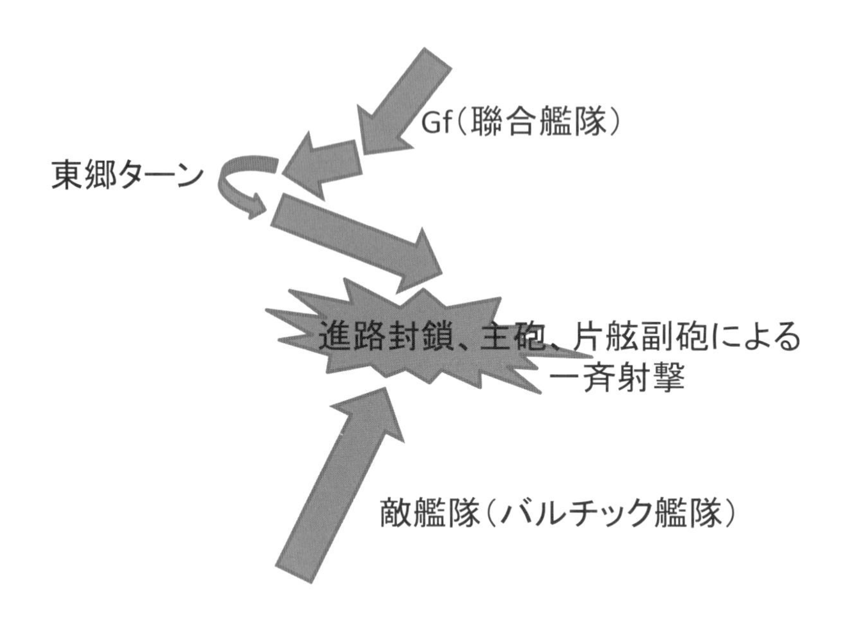

Focus Point!

東郷ターンは、成功して敵の進路を封鎖すれば、主砲ならびに片舷副砲による一斉射撃が見込めるが、いっぽう、ターンの最中に各艦が敵の一斉射撃を浴びる危険な作戦である。

右写真は、捨て身の作戦（回頭時、速度が落ち、発砲できない間に三笠に16発の大型弾が着弾）で鬼神となった東郷平八郎元帥。

2-6-2 の法則：組織マネジメント

あらゆる組織は2割の精鋭、6割の中間層、2割の落ちこぼれから構成される。しかしその2割の精鋭だけで新たな組織を作っても、その中に新たに 2-6-2 の法則が出現する。ゆえに必ずしも2割の精鋭は決戦兵力ではない。決戦兵力は「精鋭以外」即ち残りの8割である。

解説

2-6-2 の法則は働きアリの観察と実験から生まれた。働きアリには2割のよく働くアリ（精鋭）と6割の普通のアリ、2割の落ちこぼれのアリがいる。この中で、2割のよく働くアリだけを集めて新たな巣を作っても、その中に新たな 2-6-2 の法則が生まれ、なんら生産性は上がらなかったという。従って、普通のアリ以下を排除していくやり方では、総合的な力は縮小再生産になり、低下すると予見される。2-6-2 の法則の提唱者や発見者の名前がでてこないことから、パレートの法則[註6]からの派生ではないかと指摘される。パレートの法則によれば、全体の8割は2割によって産出される。

Focus Point!　ミッドウェー海戦時の帝国海軍の主な戦力

8割のその他の戦力の使い方が決戦の勝敗を分ける。山本五十六連合艦隊司令長官はどうだったのか？

主要部隊を検証してみよう。

第一航空戦隊（1SF）

司令官：南雲忠一中将

空母赤城

(零戦 21、九九艦爆 21、九七艦攻 21)

基準排水量 :36,500t

公試排水量 :41,300t

飛行甲板 :249.17m × 30.5m

速力 :30.2kt

空母加賀

(零戦 21、九九艦爆 21、九七艦攻 27)

基準排水量 :38,200t

公試排水量 :42,541t

飛行甲板 :248.6m

速力 :30.2kt

第一航空戦隊は、空母赤城、加賀からなる真珠湾以来の精鋭部隊である。脆弱な防御システムという批判は俗説であり、これらの艦にはあたらない。

巡洋戦艦改装（赤城)、戦艦改装（加賀）空母の舷側装甲帯は、生まれながらの空母の翔鶴、瑞鶴より強力である。また、飛行甲板にも若干の装甲が施されている。

しかし、燃料、弾薬、爆雷の装備を格納甲板で行う日本型のシステムは内部爆発という重大な欠陥をミッドウェー海戦で露呈することになった。日本海軍の空母におけるこの問題の解決は、信濃を俟(ま)つことになる。

なお、燃料庫や送油系が米海軍に劣るとの批判もまたあたらない。米軍の巡洋戦艦改装の空母レキシントンも、珊瑚海海戦でマリアナ沖海戦の帝国海軍空母・大鳳とほぼ同じ過程を辿り（気化したガソリンの格納庫への充満により）悲惨な最期を迎えた。米海軍もあらかじめこうしたことを考慮していた訳ではない。ただし、教訓を活かすことが早かったとは言える。

第二航空戦隊（2SF）
司令官：山口多聞少将

空母飛龍（零戦 21、九九艦爆 21、九七艦攻 21）
基準排水量 : 17,300t
公試排水量 : 20,165t
飛行甲板 : 216.9m
速力 : 34.5kt

空母蒼龍（零戦 21、九九艦爆 21、九七艦攻 21）
基準排水量 : 15,900t
公試 : 18,500t
飛行甲板 : 216.9m
速力 : 34.5kt

2SF も飛龍、蒼龍で構成される真珠湾以来の精鋭。ワシントン軍縮条約の枠内で作られた正式空母である。コンパクトな排水量に、可能な限りの艦載機を搭載しているため、装甲は施されていない。加えて、燃料、弾薬、爆雷の装備を格納甲板で行う日本型のシステムを持つため、内部爆発の危険性を孕んでおり、耐久性が高いとは言えない作りである。しかし、コンパクトな排水量に強力なギアードタービン機関を搭載し、機動力は赤城、加賀に勝る。この他に二つの航空戦隊が我が国には存在した。それはどこにいたか。

第四航空戦隊（4SF） アリューシャン作戦投入

空母隼鷹
基準排水量 : 24,140t
飛行甲板 : 210.3m
速力 : 25.68kt

空母龍驤
基準排水量 : 10,600t
飛行甲板 : 156.5m
速力 : 29kt

4SF は隼鷹、龍驤で構成される。隼鷹は大型客船改装の空母で真珠湾後の就役、龍驤は真珠湾時は南方作戦を支援していた。

龍驤は、軍縮条約下で就役した空母なので、友鶴号事件で露呈したトップヘビイの問題など、耐久性について数多くの問題を抱える。隼鷹は、客船改装の空母ながら、帝国海軍で初めて島型艦橋（アイランドブリッジ）を採用するなど、意欲的な設計が見られるほか、設計に余裕があり、空母として劣る部分はその速力をおいて他はない。

第五航空戦隊（5SF）本土待機

空母翔鶴（修理中）
基準排水量 :25,657t
公試排水量 :29,800t
飛行甲板　:242.2mm
速力　:34.2kt

空母瑞鶴
（性能諸元は翔鶴に同じ）

翔鶴、瑞鶴で構成される真珠湾以来の精鋭であるが、真珠湾に参戦した六空母の中で最も若い空母なので、一部では継子（ままこ）扱いされる。

軍縮条約の制約を受けずに作られた初めての正規空母であり、全てにわたって、当時の最高水準の配慮が行き渡っていた。3万トンの余裕のある排水量、部分装甲が施された船体、加賀に次ぐ搭載機数、16万HP（Horse Power）を誇る帝国海軍最高出力のギアードタービン（戦艦大和は15万HP）。結果として、遠征に耐えうる余裕のある設計と駆逐艦を上回る強力な機動力が同居する最精鋭艦となった。

第一、第二航空戦隊以外は主力にあらず

・1SF（第一航空戦隊）、2SF（第二航空戦隊）が突出してミッドウェー島近海に進出していた。

・4SF（第四航空戦隊）はアリューシャン方向に進出、5SF（第五航空戦隊）は本土待機を命じられていた。
・主力戦艦隊[註7]は1SF、2SFのはるか後方にいて戦力外だった。2割の精鋭のみを使って戦うのが山本長官の作戦だった。

これはなぜだろうか？ あくまで推測ではあるが、山本連合艦隊司令長官は、精鋭以外の兵力を戦地に投入することを避けた。犠牲の拡大を嫌う、行き過ぎた優しさであった。それは結果として、決戦兵力の不足と現場の判断ミスを生み出した。優しさと勝利の両立には、戦艦隊などの弱点を克服して、決戦兵力として活用する必要がある。

勝利条件

勝利の条件を二つ提示しよう。

一つは、原則として攻撃時の兵力は可能な限り稼働させ、集中させること。具体的には、史実のアリューシャン作戦は不要であり、本土待機の5SFの瑞鶴は4SFに合流し、主戦場へ投入。2割の精鋭は、相手の2割の精鋭が出撃してきた場合の対応要員として、常に待機させておくこと。

もう一つは、旧来戦力を活用すること。8割の精鋭以外の部隊の弱点を何らかの形で補い、2割の精鋭に劣らない活躍をさせることが重要である。

では、戦艦隊を犠牲にせずに活かす方法があったのだろうか？

※ Ref.
本章末　戦力の世代間ギャップについての解析
第1部3.1　WW IIの空母航空戦における例
第1部3.2　攻撃を受けるものは分散させ、
攻撃するものは集中させる原則
第2部4.1　戦争の基本方程式（工業力追加モデル）

従来型戦力の活用：戦艦

戦艦は装甲が厚く、例外を除き爆撃では沈まない。しかし、航空雷撃を集中的に浴びると脆いという特徴がある。爆撃による航行中の戦艦撃沈例は、ドイツ軍のフリッツXによるイタリア戦艦ローマに対するものが唯一であった。

主砲の地上施設に対する打撃力は凄まじい。また主砲の射程に入れば、潜水艦を除くあらゆる海上兵力を餌食にする。

この従来型戦力を活かし、弱点を補完するには、戦闘機と重巡、軽巡、駆逐艦の護衛があればよい。

従来型戦力の活用：軽空母

日本軍の軽空母は決戦兵力たりえなかった。低速でカタパルト装備もないため、一定の向かい風がないと艦爆・艦攻を発艦させることが困難であったからだ。しかし戦闘機は軽量で、いつでも発艦可能となる。ゆえに、鈍足軽空母は戦艦の護衛として最適であった。

航空母艦と戦艦の防御の違い

航空母艦は、機能を維持するために防御するポイント（弾薬庫、ガソリンタンク、格納庫、飛行甲板、艦橋、機関）が多く、被弾時のダメージコントロールも困難である。

これに対して、戦艦は重点防御区画（弾薬庫、大口径砲、艦橋、機関）に装甲を集中して施すため、防御力がより強化されている。従って航行中の戦艦を爆撃のみで仕留めるのは困難である。爆撃は対空砲火の減殺を目的とし、攻撃機による雷撃をもって沈めるのが常であった。攻撃機搭載の大型爆弾による水平爆撃でも戦艦の撃沈は理論上可能ではあるが、高高度からの水平爆撃は回避運動により容易に回避される。

一方で、低高度の水平爆撃は対空砲火の好餌となり困難である。

戦艦の防御力

一方、航行中の戦艦に対する雷撃による撃沈も４例を数えるのみである。戦艦には両舷下に、バルジ（浮力・復元力増強と魚雷へのダメージコントロール目的の張り出し部）が存在する。その内側に舷側装甲帯があり、機関を保護している。

バルジ内部は浸水を防ぐ複数の区画に分かれ、すべての区画が浸水する前に戦線を離脱する運用を想定していた。片舷のバルジがすべて水没すると、艦の安定が失われ、転覆の危険性が生じる。

バルジ全体の浸水があると戦艦は相当危険な状態になる。この状態で舷側装甲帯が破られることがあれば、高確率で沈没する。

米軍が集中的に同じ個所を狙って雷撃するのは、復元性の破壊と、破孔に次の魚雷が飛び込み舷側装甲帯を破ることを狙ってのことだった。

これに対して航空母艦に舷側装甲帯が施されることも稀であり、無装甲の空母も多数存在し、概して空母は雷撃においても戦艦より脆弱であった。補足であるが、舷側装甲帯は喫水線付近が最も厚く、深くなるにしたがって薄くなる。そして、艦底は一般的に二重底が採用されているが、装甲は施されていない。このため、艦底爆発を狙った魚雷の開発が行われることになるが、それが実用化されたのは大戦後である。

優しさと勝利を両立させる作戦とは

CV（Carrier Vessel）＝正規空母 = Fleet Carrier / CVL = 軽空母 = Light Fleet Carrier / BB = 戦艦 =Battleship / CA(Cruiser Armoted)= 重巡洋艦 = Heavy Cruiser ／CL= 軽巡洋艦 = Light Cruiser / DD = 駆逐艦 =Destroyer /SS = 潜水艦 =Submarine **図 1.2**

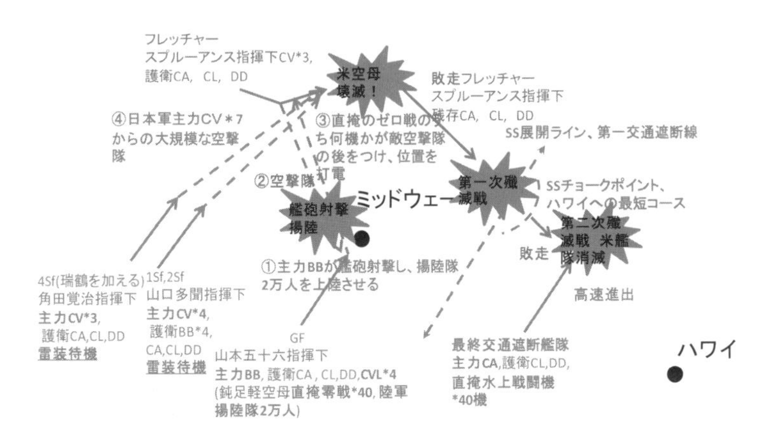

大和をはじめとする戦艦隊が護衛空母を伴ってミッドウェー島への砲撃を始めると、スプルーアンス[註8]（ホーネット、エンタープライズ)、フレッチャー（ヨークタウン）には、ジレンマが生じる。空母の位置を秘匿したままミッドウェー島を見捨て戦線離脱を図るか、それとも戦艦隊に空撃隊を差し向けるかである。

空撃隊を出さなければ、確実にミッドウェー島は落ちる。そうなる前に戦線を離脱するしかない。

この場合でも、潜水艦と巡洋艦隊がハワイ・ミッドウェー間には展開しており、死闘が繰り広げられることは間違いない。

スプルーアンスの積極性を考慮すると戦艦隊を空撃する蓋然性が高い。その際、日本の戦艦隊の上空には護衛空母から発艦した直掩隊の零戦がおり、これを打ち崩すのは容易ではない。仮に隙をついた急降下爆撃により、戦艦を損傷させたり護衛空母を沈めたりはできても、戦艦を悠々雷撃して撃沈することは困難でありまず不可能である。

また、優速の零戦が帰還に向かう米空撃隊を追尾することで、米母艦の位置を特定できる。背後に潜んでいる、日本の空母7隻を基幹とする大規模な2個空母部隊からの空撃隊は米空母を捕捉できる。米空母はレーダーの優位性が揺らぎ、壊滅する。

逃走を図る米艦隊をミッドウェー、ハワイ間に配置した潜水艦隊、巡洋艦隊がこれを殲滅する。

結果として、パーフェクトゲームが達成される。決戦戦力（精鋭部隊）の集中と従来型戦力を活用した総力戦が勝利の条件である。

日本側の敗因

戦力において有利な日本側が消極的作戦を採ったため米国が勝利した。

ミッドウェー攻略作戦においても日本側が選択したのは大艦隊の温存と戦力の分散だった。この敗北により、日本海軍はますます消極的作戦を採ることになる。工業力がものをいうのは時間の問題であった。戦力よりも工業力に頼る潜在的武装国家が勝利した稀なケースである。

教訓 従来型戦力の活用

BC.48 カエサル	WW Ⅱ
軽装歩兵＋投げ槍→槍兵	戦艦＋軽空母
槍で敵騎兵の機動力を封じる	軽空母の護衛戦闘機で攻撃機の魚雷攻撃を封じる

欠点を補うものを結びつけ、協同攻撃をするのが有効である。

まとめ

山本五十六連合艦隊司令長官の行き過ぎた優しさによる精鋭主義が戦艦軽視の流れを生み、日本側は優勢な戦力を活用しなかった。まさに「過ぎたるはなお及ばざるがごとし」である。

従来型戦力の効果的な活用が戦闘の帰趨を分ける。従来型戦力の活用こそが精鋭の犠牲を減らす本当の優しさにつながる。

戦力の世代間ギャップについての解析

ここで、実際に軍拡時の数理モデルを用いて、なぜ、一般的には旧来の戦力を退役させるのか、そして、著者が一世代前の戦力を活用することを唱える理由は何かわかりやすく説明する。

まず、数理モデルであるが、生産活動のための瞬時リソース投入量の時間関数をリソース投入関数と定義すると

（工業力の微小増分）＝（瞬時リソース投入量）×（微小時間）
（戦力の微小増分）＝（工業力）×（微小時間）

となるから、
工業力を m、戦力を f とすれば

$$\frac{dm}{dt} = res(t)$$
$$\frac{df}{dt} = m$$

と与えられる。

これを解くと**図 1.3** のような解を得ることができる。

図 1.3 戦力の世代間ギャップについての解析

$$\frac{dm}{dt} = res(t)$$
$$\frac{df}{dt} = m$$

t	0	T
m	m_0	m_T
f	f_0	f_T

$$\int_{m_0}^{m_T} dm = \int_0^T res(t)dt \qquad m_T = m_0 + \int_0^T res(t)dt$$

$$\int_{f_0}^{f_T} df = \int_0^T mdt$$
$$= \int_0^T \left(m_0 + \int_0^t res(\tau)d\tau\right)dt$$

$$f_T = f_0 + m_0T + \int_0^T \left(\int_0^t res(\tau)d\tau\right)dt$$

この解に、リソース投入関数の値を 2 の固定値とし、$f_0=10, m_0=10$ を当てはめた場合、**図 1.4** の例を得る。（このモデルは非常に単純な、リソース投入関数のモデル化であって、**図 1.3** の理論は、これよりも複雑なリソース投入関数のモデルにも対応している。）

図 1.4

$$\frac{dm}{dt} = 2$$
$$\frac{df}{dt} = m$$

t	0	T
m	10	m_T
f	10	f_T

$$m_T = 10 + 2T$$
$$f_T = 10 + 10T + T^2$$

t	0	1	2
m	10	12	14
f	10	21	34

このモデルによれば、軍拡開始後、単位時間（t=1）経過後の工業力は 12、次の単位時間経過後（t=2）の工業力は 14 となる。工業力の 1 割が精鋭部隊の建設に使用されているとすると、最初の単位時間（つまり、t=0 から t<1 の間）で生産された精鋭の戦力は、1 である。（ここでは、固定されたテクノロジが生み出す精鋭戦力について検討しているから、T=0 から t<0 の間で増加する工業力は無視する）。次の単位時間（つまり、t=1 から t<2 の間）で生産された精鋭の戦力は 1.2 である。

この 1 と 1.2 の差、0.2 が二つの精鋭部隊間の戦力差である。この差が世代が開くと大きく拡大していくため、一般的には徐々に古い戦力から退役させていく。この差は、小さい量に思われるかもしれないが、戦力 1 の部隊と戦力 1.2 の部隊が、直接ぶつかると、ランチェスター第 2 法則によれば戦力 1 の部隊は全滅し、戦力 1.2 の部隊は実にその 0.663325 の戦力が残存する。それほど、この 0.2 の差は大きいのである。

しかし、差が 0.2 であることを考えれば、同世代の補助戦力 9 から 0.2 以上の戦力を加えて戦力 1 の精鋭の戦力を 1.2 に相当するまで引き上げることは不可能なことではないことがわかる。

図 1.5 戦力の世代間ギャップ

t	0	1	2
m	10	12	14
f	10	21	34

以上からわかることは、以下の通り。

1. 世代が離れるごとに世代間ギャップは大きくなり、戦力は相対的に価値が低下する。よって何世代も離れたものは退役させた方がよい。
2. 世代の近い精鋭戦力同士にそれほど大きな戦力差はないが、そのまま戦闘でぶつかると、大きなハンディになる。
3. それを避けるためには、一世代前の精鋭戦力は相手にぶつける前に、適切な規模の補助戦力をプラスしてからぶつけるのがよい。

[註1] 旅順港攻撃：旅順口攻撃とも。日露戦争開戦の1904(明治37)年2月より第8次までの海戦。要塞砲に護られたロシア艦隊と、水雷艇による夜襲、積極性を欠いた港の閉塞作戦などを用いた日本艦隊との戦い。双方とも決定打を得ることはなかった。

[註2] 東郷平八郎：薩摩藩出身の軍人。日清・日露戦争において日本海軍を指揮し、勝利に貢献する。日本海海戦では露バルチック艦隊を一方的に破り、世界の注目を浴びる。

[註3] 連合艦隊：複数の艦隊からなる日本海軍の中核部隊の司令官。日清・日露戦争では常設の役職ではなかった。

[註4] ウラジオストク：ロシア沿海州の都市。不凍港であり、艦船の建造、整備施設も保持していた海軍の拠点。当時ウラジオストク巡洋艦隊が駐留し、日本海側に6度、太平洋側に1度の出撃を行い、目覚ましい通商破壊の戦果を挙げた。このため日本は日本海側の海上輸送を諦め、第二艦隊を朝鮮沖に拘置せざるを得なかった。

[註5] リスク：回頭時は大きく速度が落ちる上に、当時の砲撃技術では照準を合わせることができないため発砲できず、一方的にロシア艦隊から砲撃されることとなった。

[註6] パレートの法則：イタリアのVilfredo Paretoが提唱した法則。数値の大部分は、そこに参加している全体のうちのごく一部が生み出しているというもの。20:80の法則とも。

[註7] 主力戦艦隊：戦艦大和以下、6隻の戦艦が主力部隊として空母部隊の後方300海里後方にいた。戦局には何ら寄与することなく、日本側空母が壊滅した時点で撤収した。

[註8] Raymond Spruance(1886-1969)。米海軍大将。ハルゼーにかわりミッドウェー海戦に参加。第五艦隊司令官として南太平洋の攻略にあたる。マリアナ沖海戦、硫黄島・沖縄攻略に参加。

演習問題

問１　長篠の戦において、織田軍の火縄銃で武装した歩兵と、武田軍の騎兵、双方の長所、短所について分析しなさい。

問２　長篠城の包囲を破られた際、武田軍が正面を捨てて撤退可能であったかどうか分析しなさい。撤退戦を行った場合の勝敗についても分析しなさい。

問３　真珠湾において、南雲長官が第３次攻撃を躊躇した理由と、それが適切であったかについて考察しなさい。

問４　日本海軍がなぜ英国東洋艦隊を撃破できたか、史実を調べ分析しなさい。

問５　レイテ沖海戦での日本側のあるべき戦い方を考察しなさい。

コラム　優しい指導者とは

指導者は優しくなくてはならない。兵士の死を我が事として感じられる人間にしか指導者の資格はない。しかし、くれぐれも人命は地球より重いなどと思ってくれるな！　つらいだろうが、涙は自分と側近だけが見るものとすべきだ。

流されてはならない。時に理性に基づいて人命をも天秤にかけ、重い決定を下すべし。それでも、愛を忘れるな。案ずるな、兵士たちのさだめに流した涙は、彼らの魂にも届いている。

人はロボットではない。指導者も情の人でなければならない。

しかし、理性に従って孤高の決定を下しなさい。きっと一番身近にいる人があなたを支えてくれる。

第２章　目標決定の方法（目標設定の順序性）

本章では、目標決定の方法が実にシンプルかつ奥深い方法に基づいていることを示す。戦争の目標決定には順序があり、そのいわゆる経路設定(ルーティング)のようなものを守らなければ、勝利はおぼつかない。

本章の前半では、目標決定の重要な考え方である「危険な敵から排除する」ということを紹介する。これは第３章に出てくる、ブレーキ効果（敵に先に打撃を与えることにより、味方の被害を減らす効果）と密接な関係があり、さらに第４章で触れる現代戦における核戦略、カウンターフォース戦略を導くものである。

本章の後半では、目標価値の算定方法について述べている。これは、危険度判定とは直接リンクしない。したがって、優先すべきは、危険度による判定である。しかし、目標価値をベンチマークするにあたって、その攻撃が、敵のどの程度の努力を無にするのかを算定することは、もう一つの重要な項目である。本章の前半が目標経路の大筋の設定を決めるものなら、後半は、敵の兵器製造への投資が最適化されているという前提で、有力な敵目標をあぶり出すものである。

戦場に存在するあらゆる目標の中で、
ひときわ光を放つ目標は
そこさえ叩けば、
敵の優位を打ち崩すことのできる目標である。

無効化の論理

原則１　目標設定は、自軍に対する危険度で決める
原則２　危険を取り除けば、その他の目標は容易く達成できる
原則３　目標設定には順序があり不可逆である

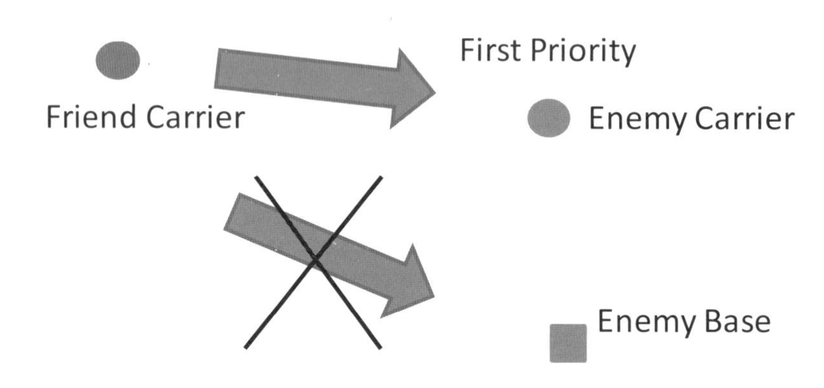

図 2.1 無効化の論理　　左：自軍　右：敵軍

ミッドウェー海戦において最優先の目標は、米空母の撃滅であり、その前にミッドウェー島の基地を攻撃する理由はなかった。

攻撃の優先順位は、自軍に対する危険度で決める。即ち、危険度の高い敵ほど即座に対処すべきである。これを無効化してしまえば他の目標は柔目標となるからだ。前章で述べたカエサルのケースのように、危険な敵に素早く対処することは､紀元前から行われてきた戦の常道である。

この法則は現在でも有効であり、イージスシステム[註1]の最も重要なアルゴリズムはSPY-1レーダー[註2]の捉えた目標のうち､自軍にとって最も危険な目標から対処するように構成されている。

Note: ブレーキ効果との関係

目標設定をこのように決めるのは、第３章で学ぶことになるブレーキ効果と大きな関係がある。効果的に力を行使するためには、味方に深刻な被害を与える可能性のある目標を優先的に攻撃し、それによって、将来味方の受ける被害を大きく減じるのだ

脅威になるものから優先的に取り除くのは、実に単純で合理的な考え方なのである。

ケーススタディ：飛行甲板無効化こそすべて

図 2.2 のように、航空母艦は飛行甲板さえ破壊してしまえば輸送船と大差なく、簡単に沈めることができるので、急降下爆撃によって飛行甲板を使用不能にすることこそが第一優先である。雷撃はそうではない。

図 2.2

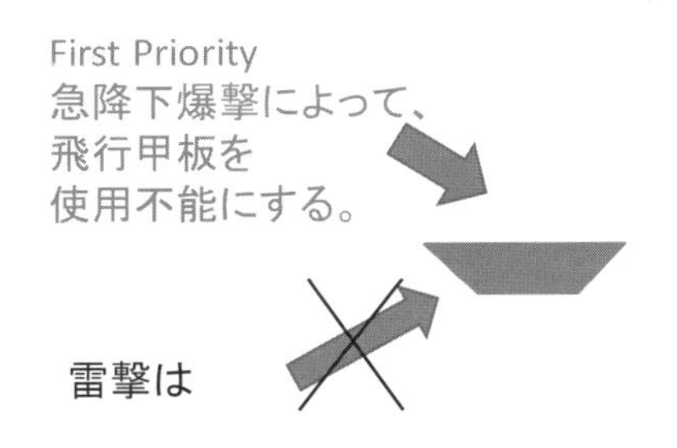

空母は飛行甲板さえ、
使用不能にして
しまえば、ただの
輸送船と変わらない。

簡単に沈めることが
できる！

ケーススタディとして最も適切なのは、ミッドウェー作戦において南雲司令長官が直面したジレンマである。敵空母撃沈には攻撃機の雷装が不可欠であるが、雷装転換には時間がかかるというものである。

先の珊瑚海海戦に参戦した五航戦が、急降下爆撃を避けることは極めて困難と報告していた。艦爆による攻撃のみで、敵飛行甲板に穴をあけるだけで、空母はただの輸送船とかわらない存在となり、容易に沈めることができるようになることに気付くはずである。

即ち、一度に全てのことをしようとするのではなく、敵の戦力を無効化することを優先し、その後殲滅することを心がければよい。

応用：制空こそすべて

図 2.3 で艦載機の種別ごとの比率を日米で比較してみよう。日本側は、戦闘機 1/3、艦爆 1/3、艦攻 1/3 に対して米国側は戦闘機 1/2、艦爆 1/4、艦攻 1/4 の比率である。

米国の思想は、戦闘機を多く積むことでまず制空権をおさえ、その後で一方的にことを進めることを狙うというものだった。

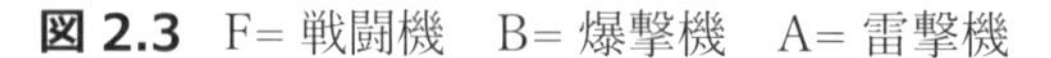

図 2.3　F= 戦闘機　B= 爆撃機　A= 雷撃機

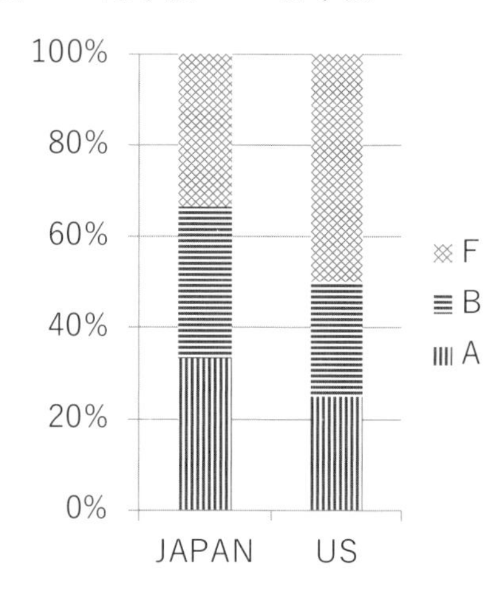

日本海軍の攻撃隊が、大戦後半にかけて、大きな被害を出す一方で、それに見合う戦果を挙げられなかった点について、レーダーとＶＴ信管（近接信管）の存在を挙げる人は多い。

しかし、ＶＴ信管は、それまでの高角砲の命中率を一気に 3 倍に引き上げたとはいえ、もともと高角砲の命中率は低いものだった。ＶＴ信管の登場で、ようやく何とか使い物になったという程度である。

フィリピン戦において同じ命中弾（12 機）を与えるために必要な総攻撃機数と損失数の比較表を次ページに掲載する。ここで、12 機の命中もしくは有効至近弾を与えるための損失の比較を通常の攻撃機と特攻機の間で行っているが、同時に攻撃機が何で喪失したのか分析している。

特攻機の場合、12機が命中により損失、残りの48機は迎撃機もしくは対空砲で喪失している。内訳は、迎撃機によるものが36機、迎撃機による迎撃をすり抜けたもの24機のうち、対空砲により撃墜されたものが12機となっており、実に対空砲火の3倍の数の攻撃機が迎撃機によって撃墜されている。通常の攻撃機の場合も、300機の攻撃機のうち180機、つまり、60%が迎撃機によって撃墜されている。迎撃機による迎撃をすり抜けた日本軍の攻撃機120機のうち40機（120機のうち33.3%）が対空砲火で撃墜されている。つまり、特別攻撃隊のように肉薄してくる目標に対しても24機に対して12機（50%）の撃墜という戦果しか挙げておらず、一般の攻撃隊に対しては、120機に対して40機（33.3%）しか撃墜できていない。もし、日本軍の制空隊が非常に強固で、迎撃機での撃墜に失敗した場合、殺到した攻撃機によって、対空砲火は飽和し、撃墜率はさらに低下することは想像に難くない。対空砲火はあくまで次善の策と考えるべきである。

http://www.ibiblio.org/hyperwar/USN/rep/Kamikaze/AAA-Summary/AAA-Summary-1.html

TABLE I
Bombing And Torpedo Attacks

300	planes sortie
180	lost to CAP (60%)
120	attack ships
40	lost to AA. (33.3%)
12	get hits or damaging misses on ships (10%)
80	return to base
220	lost to CAP and AA. to score 12 hits.

TABLE II

Suicide Attacks

60	planes sortie
36	lost to CAP (60%)
24	attack ships
12	lost to AA. (50%)
12	get hits on ships (50%)
0	return to base
60	lost to score 12 hits.

フィリピン戦において同じ命中弾（12機）を与えるために必要な総攻撃機数と損失数の比較（Suicide Vs Conventional Attacks　TABLE I・II）[413]

	爆撃機と雷撃機	特攻機
日本軍機総数	300機	60機
迎撃機で撃墜	180機（60%）	36機（60%）
艦船を攻撃した日本軍機	120機	24機
対空砲で撃墜	40機（33.3%）	12機（50%）
命中もしくは有効至近弾	12機（命中率10%）	12機（命中率50%）
結果	220機損失　12機命中	60機損失　12機命中

従って、米軍戦闘機による撃墜のウエイトが大きいわけであるが、この原因として、米軍のレーダーシステムと無線電話システムの充実が挙げられる。

この二つによって米軍は、艦載機を効率よく集中運用できるようになった。これが戦争後半で、日本海軍を極めて不利な立場に追い込んでいくことになる。

前置きが長くなったが、米軍は、制空権という優先して奪取すべき目標をしっかり認識しており、それに対して日本海軍は、一回の攻撃で戦果を挙げることを優先して、戦闘機より対地・対艦攻撃用の機種を優先するというミステイクをしていたということである。

目標の選定：戦力を構成する３要素

情報、機動、打撃が戦力の３要素である（日本の陸上自衛隊では攻撃力・防御力・機動力としており、筆者とは見解を異にしている）。**図 2.4** のとおり戦力の機能には、発見（Detect）、移動（Move）、攻撃（Attack）のプロセスを踏むからである。生産活動においては上流、中流、下流の各工程に概ね該当する。

なお、打撃力は攻撃と防御とで構成される。有効打撃を与えるには、自身の抗堪性が重要となる。攻守の能力は相互補完の関係にあり、別個の独立した機能として認識してはならない。

戦力３要素は直列系であるため戦力値は各要素中の最低値に一致し、これを超えることがない。未熟練工一人がベルトコンベアを遅滞させ生産性低下を招くのと同じ構図である。従って攻撃時に、この３要素のうち最も脆弱で防御困難なものを標的にすることが肝要である。具体的には、情報力（司令部通信機能等）、機動力（空母等輸送手段）を目標とする。

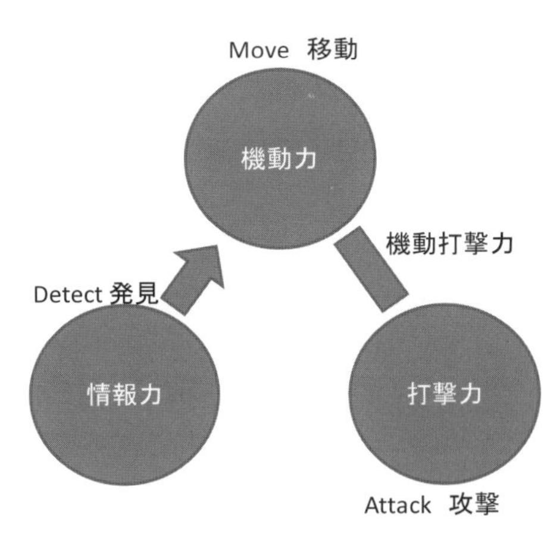

図 2.4 戦力を構成する３要素

敵機動部隊攻撃の例

一例として、敵機動部隊の攻撃をあげる。敵機動部隊を攻撃目標に定めたら、その中のどこを標的にするかを最初に決定する。

図 2.5 では、打撃力を相手にせずに、空母の持つ機動力、情報力を叩くというセオリーで動いている。

しかし、硬直した思想は厳禁である。仮に空母に戦艦などの打撃プラットフォームが随伴しており、有効な対空火力が存在する場合、空母を叩くために、先に対空火力の減殺つまり打撃力を叩くことも選択肢たりうる。最終目的を見失わないことは無論だが、攻撃は須らく臨機応変であるべきだ。

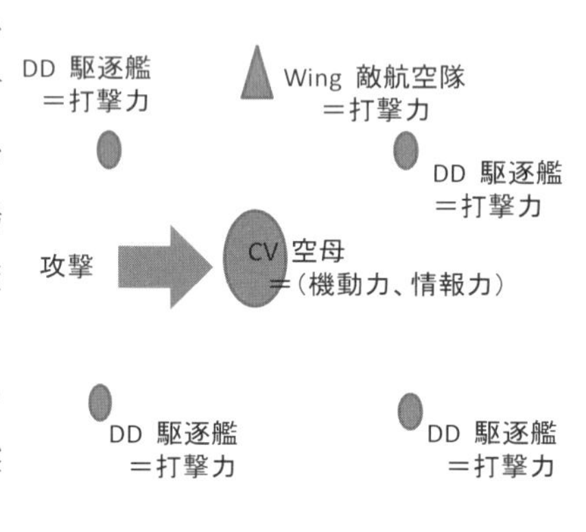

図 2.5

目標価値の算定と時間効果（時間の優位性）

等価換算みなしの概念

ある戦力 A が実地で機能し始めるまでには、工業力をそのために動員し、実際に戦力が構築される必要がある。このように実際に戦力が構築されてはじめて、戦力は戦力として機能する。

だが、数学的に一般化してその仕事を評価する際は、連続的なモデルを採用しなければならない。つまり、A を構築するために掛かっている時間の間にも、微小戦力（十分小さな時間で生産可能な戦力）は次々に生み出されており、それは生み出されると同時に機能し始めているとみなさなければならない。

この時､生み出された微小戦力が A より先に機能している分の働きは、もちろん A を評価するうえで対象となる。なぜならば、それだけの時間をかけているという点において、最終的に生み出される戦力の価値は、それまでの価値をも含んでいるとみなさなければならないからだ。もし、その分の価値を最終的に構築された戦力が有さないのならば、戦力Aは、同じ工業力と時間を掛けて生産される微小戦力以上の価値を有さないことになり、戦力Aを構築する価値はないということになる。
例えば、単純に歩兵への投資効果と戦車への投資効果を見てみよう。歩兵を微小戦力とみなすならば、戦車を製造するための時間と工業力をかけて、戦車を製造したところ、同じ工業力と時間を掛けて構築された歩兵戦力以下の戦力しか有さないならば、戦車への投資は間違いということになる。
従って、構築された戦力は、微小戦力が生み出されて先に働いているとみなした場合の戦力価値以上の価値を有すると仮定しなければならない。
つまり、連続モデルにおける等価な価値に換算して考えるのである。これを**等価換算みなし**と名付ける。実は、このように考えることが、非常に興味深い結果をもたらす。

最大効果

ある戦力を構築するために掛かった時間をT, 使った工業力の時間に対応する関数を *m(t)* とする。この時、等価換算の概念を使って、最大効果を求めて、それを目標価値とする。最大効果値を V*eff* と置くと、これは、

$$M(t)=\int_0^t m(x)\,dx$$

$$\mathrm{V}_{eff}=\int_0^T M(t)dt$$

と与えられる。これを注意深く観察すると、後述する戦争の基本方程式中で工業力関数が与えることができる最大効果の累積値と関係があることがわかる。もちろん同式中の戦力関数の関数値と、ここで求めた目標の価値は別のものであるが、両者の関係性は軍事理論の新たな発展に

とって重要なヒントとなるかもしれない。ここで、時間tについての、一階ではなくて、二階の積分であることが、次頁の**時間効果**をもたらす。

時間効果

時間についての二階積分であるので、時間を多くかけると、かけた工業力の時間についての一階積分値が同じにもかかわらず、大きな最大効果値が得られる。**図 2.6** では、かけた時間が 2 倍になることで、最大効果値が 2 倍になっている。

これは、工業力を大きく割いていないように見えても、相手がかけた時間が大きければ、価値の高い目標である可能性があることを示唆している。即ち、工業力と時間は等価ではなく、時間の方が重要である。

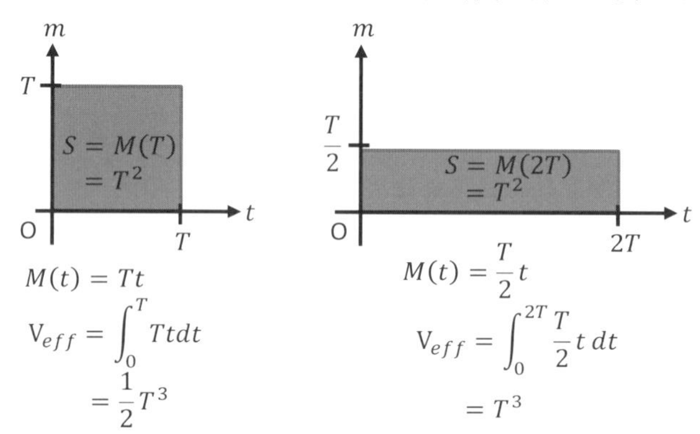

図 2.6　時間効果

戦力変換効率

ここで、逆に構築された戦力の価値V_fが分かっている場合、

$$\frac{V_f}{V_{eff}}$$

を求めることで工業力がどの程度、効率的に戦力に変換されたかを知ることができる。これを**戦力変換効率**と名付けることとする。

これは現実的には、1 よりも小さい値となる。

味方の戦力を構築する際には、この値をできるだけ大きくすることを心がけるとよい。

そのためには、時間効果を使って、V_{eff}ができるだけ、小さな値をとるようにするために、一時的に大きな工業力を使っても、生産するためにかける時間が短くなるようにしなければならない。

以上から、敵の生産活動への投資が最適化されているという前提の下では、かけた工業力の時間についての二階積分値が大きなものが、数学的には叩く価値の高い「高価」な目標であることがわかる。また時間効果により、かけた工業力の大きさよりも、かけた時間の大きさが大きな影響を与えることが分かる。

つまり「戦闘機」よりは、その「パイロット」の方が高価な目標であり、同様に「戦闘機」より「空母」の方が高価な目標である。

ただし、実際の目標選定においては、その目標を叩くことがいかに実行しやすいかという意味で、後述する「効果係数」についての分析を待たねばならない。

演習問題

問1　危険度判定と、最大効果を前提とした目標価値のベンチマークが等しくなるためには、どのような前提条件が必要か考えなさい。

問2　移動式の目標と、静止目標ではどちらが危険か、具体的に理由を含めて考えなさい。

問3　ハワイ攻略を行うにあたって、要塞砲が脅威にならない理由を答えなさい。

[註1] イージスシステム：米海軍により開発された、艦隊防空のため複数の目標を同時に捕捉・迎撃するシステム。イージス武器システム Mk. 7 が正式名。AWS と略す。イージスの由来はギリシア神話の軍神・アテーナーの持つ楯。

[註2] SPY-1 レーダー：イージスシステムの中核であり、多数目標の同時探索・探知、追尾、迎撃の指令誘導の役割を持つ多機能レーダー。4枚の平板アンテナにより、全周半球を監視する。

第３章　戦力の集中と分散の利用

戦闘を指揮するにあたって、指揮官が最も細心の注意を払うのは、戦力の**集中と分散**である。

本章では、どのように集中と分散が戦闘において結果を変えるのか、そのメカニズムを解明すると同時に、それをどのように応用すればよいのかについて触れている。

かつて、マハンは
戦力の集中こそ、(勝利にとって) 重要と説いた。
だが、それと同じくらい、戦力の分散は、
防御にとって重要である。
つまり、分散と集中を適切に使い分ける
ものこそが、勝者となる。

たとえば、戦力が二倍の敵と遭遇したとする。そのまま戦えば、こちらの全滅と引き換えに敵の同数を巻き添えにできるかというと、そうではない。実際にはこちらの数より少ない数の敵しか倒すことはできないのだ。これが**集中の原則**である。この効果を説明するためには、微分方程式を用いた説明に足を踏み入れなければならない。

直感的な説明をするならば、その瞬間ごとに双方から引かれる戦力は、相手の戦力に比例する。つまり、お互いに相応の打撃を受けるけれども、長い間シミュレーションを続けるならば、引かれるときは、双方から、失われた戦力を引いた残存戦力に基づいて引かれていく。そのため、双方の与え合う打撃の量には、時間経過とともに大きな差が開いていくことになる。

いうなれば、直線で近似するのか、折れ線で近似するのか、折れ線の長さをきわめて短くとり、曲線で描くのかの差である。

分散に注意を払う理由については、巻き添えを避けるためと、第4章で述べる敵の効果係数をゼロにするためという説明をすることができる。

戦闘空間を分割し、そこにある戦力の多数が脱出し、残りが全滅することによって、敵の戦力稼働率を下げるのである。このメカニズムについて詳しく知りたい方は、5章の戦争の基本方程式を使ったシミュレーション方法も参照されるとよい。

1．WW Ⅱの空母航空戦における例

第二次世界大戦において、最初に大規模な空母航空戦を意図したのは日本海軍だった。山本連合艦隊司令長官は、自軍の戦艦を戦力としてみなさず、必然的に連合艦隊は、片手でアメリカ海軍の相手をすることを想定した。従って、圧倒的な劣勢を想定した山本長官は、真珠湾攻撃と言う奇襲作戦と、虎の子の正式空母6隻を集中運用する考え方を生み出した。この狙いは、空母を集中運用することによって、その艦載機を集中運用し、常にアメリカ海軍の空母を上回る数の艦載機の大編隊でアメ

リカ軍の空母に襲い掛かることを狙っていた。山本長官は、開戦劈頭の奇襲と空母の集中運用に、彼の想定する帝国海軍劣勢の挽回策を求めたのである。

図 3.1　日本海軍の思想→集中運用と飽和攻撃

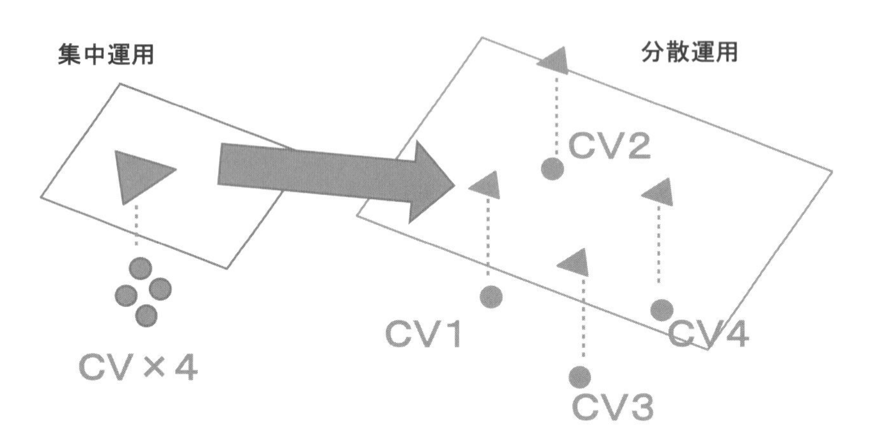

しかし実際は、開戦劈頭、日本海軍は太平洋方面の空母航空戦力において、その練度、編成において圧倒的に優勢であり、真珠湾のような冒険は必要なかったというのが筆者の見方である。また、空母の集中運用自体は、ミッドウェーの惨敗の原因の一つとなったため、後世多くの批判がなされている。しかし、空母を分散させ、艦載機のみを集中運用して、リスク分散と戦果拡大の双方を両立させるようになるためには、レーダーと無線電話というキーデバイスが必要であり、その両者とも揃わない状況で、艦載機を集中運用するために空母を集中運用したことは、理論上あながち間違いとは言えないというのが筆者の見解である。

ちょうどミッドウェー海戦のあたりから、アメリカ軍の航空迎撃戦は大きな進化を遂げる。従来の空母直上で迎撃する直掩（ちょくえん）[註 1] のスタイルを改め、レーダーと無線電話を使って、迎撃機を誘導し、空母の遥か遠方で敵機を迎撃する方法を採用したのである（**図 3.2**）。

図 3.2　航空迎撃戦→直掩からレーダー誘導へ

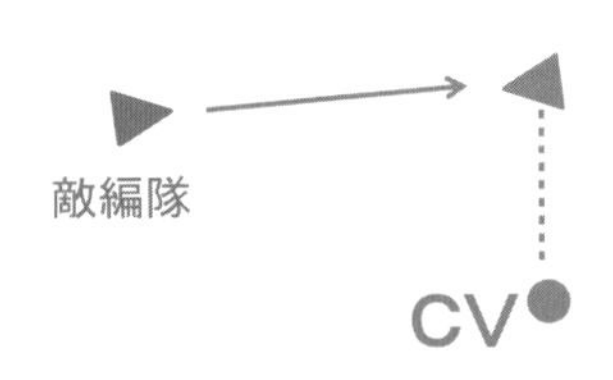

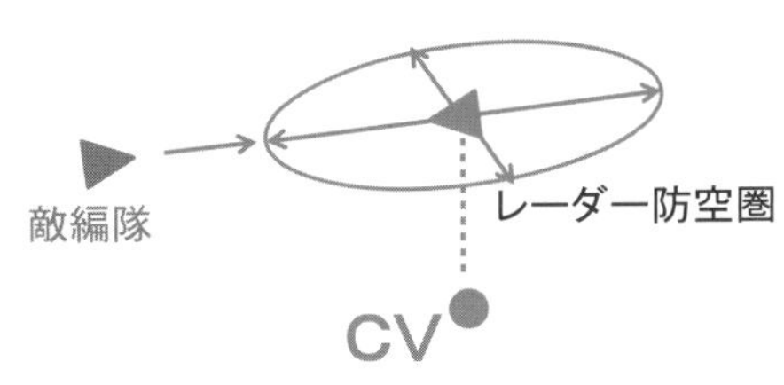

これにより、アメリカ軍は、偶然の要素によって空母が敵機の奇襲にさらされる可能性を大幅に低減することに成功した。なお、ミッドウェー海戦における日本海軍敗北の原因にレーダーの装備に後れをとったことを挙げる人が多いが、そのゆえに米軍の急降下爆撃隊の奇襲を許した点については妥当だとしても、アメリカ軍がレーダーを装備していたため、日本海軍が「勝てるわけがなかった」との評価は大きな誤りである。レーダーは効率的な艦載機の運用をサポートするが、そもそも迎撃能力を溢れる攻撃を受けた際は、結果に限定的な影響しか与えることができない。レーダーの過信は禁物ということである。もし、日本側の3空母が早々に喪失しなければ、日本の4空母から出撃した空撃隊は、易々と3隻の米空母を葬ったに違いない。

ミッドウェーのアメリカ軍にとっての「幸運」は、いわゆる「運命の5分」ではなくて、日本側の司令官南雲忠一中将が、ランチェスター第2法則の微分方程式が時間についての微分方程式であることを知らなかったことである。**戦争において決定的な要素を一つ挙げるとすれば、時間である。必要な場所に、あるべき時に、あるべきものを集中させることができれば、その戦争は間違いなく勝つことができる。**日本側はいうなれば、タイミングを軽視した南雲中将の判断に負けたのである。

さて、ミッドウェー後のアメリカ軍の空母航空戦であるが、空母は分散配置し、リスクを分散し、レーダーと無線電話を使って、艦載機を集中運用し、戦果を拡大するやり方が用いられることになった。この方法によって、日本側は、アメリカ軍の空母を捕捉することはますます難しくなり、またアメリカ軍の、レーダーと無線電話を使った艦載機の集中運用によって作り出された大規模な迎撃部隊を打ち破ることは極めて困難になっていく。こういった場合、大規模な戦闘機部隊の運用により、相手の航空優勢、レーダーによる優勢を打ち崩すことが欠かせない。

図3.3　空母の分散配置と艦載機の集中運用その1（敵配置が明確な場合）

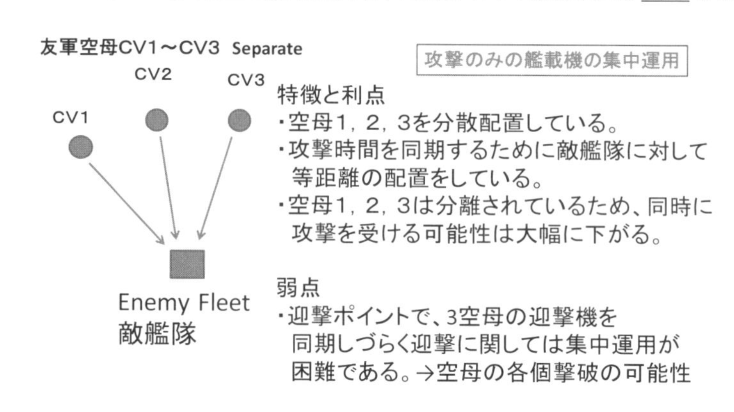

図3.4　空母の分散配置と艦載機の集中運用その2（敵配置が不明な場合）

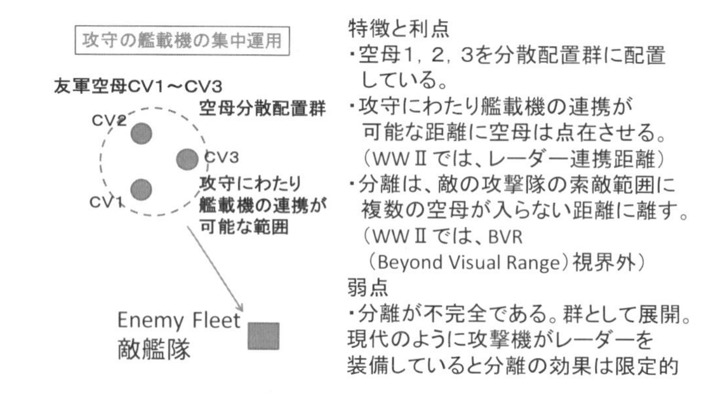

しかし日本側の発想は、攻撃部隊の何割が迎撃を潜り抜けて敵空母に至り、攻撃を行うか否か、そして、その生き残りの搭載爆弾や魚雷の数は何発かということにしか関心はなかった。従って、このような日本側の発想の貧困は、アメリカ軍の勝利を大いに助けることになる。

2．攻撃を受けるものは分散させ、攻撃するものは集中させる原則

このような、「**攻撃を受けるものは分散させ、攻撃するものは集中させる原則**」は、何も第2次世界大戦の空母航空戦で突然登場したものではない。この考え方自体は紀元前から存在しており、守勢時の被害低減、攻勢時の戦果拡大に使われていた。将軍たちは、自軍が守勢に立つと直ちに軍勢を分散させ、被害を低減したのち、再び集結させ、攻勢の準備をした。筆者は、この法則を攻勢時と守勢時で、均衡を作り出さないことで、被害は最小に、戦果は最大にしようとするこの方法を**不均衡の法則**と呼んでいる。このような運用は現在でも生きており、例えば、ゲリラ戦においても、攻勢側は戦力を集中しようとし、守勢に回った側は戦力を素早く分散させようとすることからもそれがわかる。

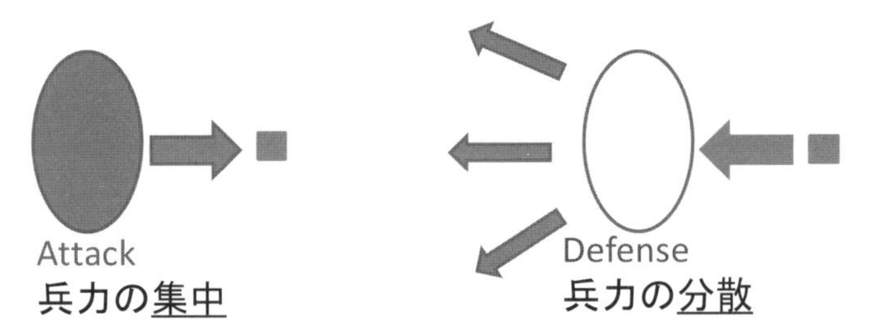

図 3.5　Knowledge: 不均衡の法則

3．戦力の集中と分散を支える科学理論

さて、戦力の集中と分散には、明確に科学理論の裏付けが存在する。大まかに述べれば、攻勢時の戦力集中のメリットについては、ランチェスター第2法則によって説明できる。

守勢時の戦力分散のメリットについては、第5章で、戦争のシミュレー

ション方法について述べている中で、微小領域D中で存在する味方の戦力をきわめて僅か（もしくは0）にすることによって、敵の戦力の効果係数をゼロ近くにすることができることを説明している。

ここで、ランチェスター第2法則の戦力比についての特性を見てみよう（次頁　**図3.6, 3.7**）。A軍とB軍が戦闘を行う際に、A軍の方が優勢であり、B軍が全滅するまで戦闘すると仮定した場合、初期戦力比（$r = B/A$）を0から1まで動かすと、初期戦力比が1に近づくにつれ、A軍残存率は急速に悪化する。しかし、B軍が常に同数の敵を巻き添えにするモデル（ランチェスター第1法則）と比べると、ランチェスター第2法則のグラフは、常に有利な残存率を示し続けている。両者が交わるのは、r=0, r=1の2点しかない。それ以外の地点で、常にランチェスター第2法則のグラフは、高いA軍残存率を示し続ける。そして、高いA軍残存率が急速に悪化し、第1法則のグラフに近づくのは、戦力比が1に極めて近くなってからでしかない。

これが、いわゆるスケールメリットというもので、戦力集中のメリットである。

では、ランチェスター第2法則はどのようなメカニズムでスケールメリットを生み出すのか、そして、それは本当に正しい戦闘予測の結果なのかについて、述べたい。

図 3.6　時間モデルと残存戦力値

比較前提、それぞれの初期戦力を、A、Bと置いたとき、
A軍優勢時($r = {}^{B}/_{A} < 1$)、B軍が全滅まで戦った場合のA軍残存兵力

相打ち戦果積み上げモデル（ランチェスター第二法則）	ランチェスター則
$\frac{df_A}{dt} = -f_B$ $\frac{df_B}{dt} = -f_A$ B軍全滅時、A軍残存戦力は、 $\sqrt{A^2 - B^2} = A\sqrt{1 - r^2}$	A軍残存兵力は、 第一法則 $A - B = A(1 - r)$ 第二法則 $\sqrt{A^2 - B^2} = A\sqrt{1 - r^2}$

図 3.7　各モデル比較

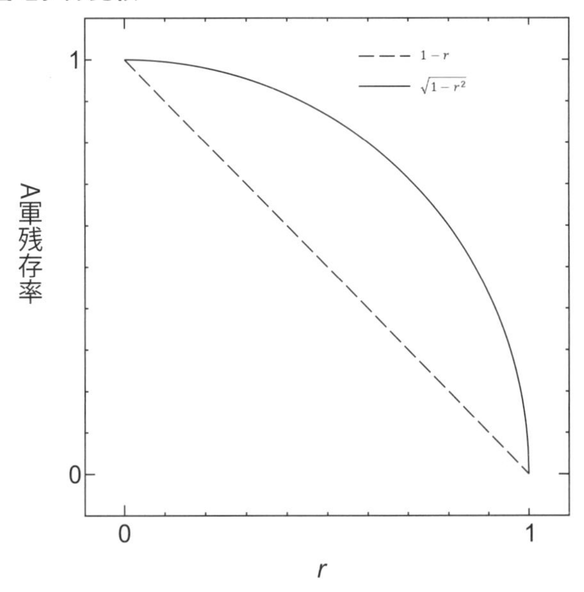

次の図は、ランチェスター第２法則の微分方程式を差分方程式に変換し、Δt=0.25 で、戦闘の経過をシミュレーションしたものである。A 軍初期兵力が２であり、B 軍初期戦力は１であるから、初期戦力比は 0.5(1/2) である。時刻 t=0.25 において、既に、戦力差は、A 軍 1.75 に対して、B 軍 0.5 まで広がり、時刻 t=0.5 においては、A 軍 1.625 に対して、B 軍 0.0625 まで、拡大し、B 軍は事実上消滅している。

計算の中身（**図 3.8**）を見れば理解できるのだが、Δt の間に双方から引かれる兵力は、双方の兵力に比例している。しかし、次の時刻の計算では、初期戦力が改めて、減算後の戦力に設定されるため、時刻を進めて計算するたびに、差はどんどん拡大することになる。

$$f_A(t+\Delta t) = f_A(t) + \Delta t\left(-f_B(t)\right)$$
$$f_B(t+\Delta t) = f_B(t) + \Delta t\left(-f_A(t)\right)$$

瞬間瞬間の減少戦力比は、その時の
f_A: f_Bとなっても、次の瞬間は、新しい
値の比で再計算されるため結果は、
$f_A(1-r)$
とならない。

A軍　初期戦力　2、 B軍　初期戦力　1、$\Delta t = 0.25$で計算

0	0.25	0.5
2	$2 - 1 \times 0.25 = 1.75$	$1.75 - 0.5 \times 0.25 = 1.625$
1	$1 - 2 \times 0.25 = 0.5$	$0.5 - 1.75 \times 0.25 = 0.0625$

時間の進行と共に戦力差が開いていく。

図 3.8　相打ち戦果積み上げモデルでスケールメリットが出る仕組み

戦力差が交戦によって拡大してゆく様子を、実際の微分方程式の解のグラフ（**図 3.9**）を見ることによって見てみよう。このグラフは、A 軍初期戦力１、B 軍初期戦力 0.95 の時（即ち初期戦力比 r=0.95）の時の時間と共に両軍戦力がどう変化するかについて、表したものである。

このグラフを見ると、**徐々に差が蓄積していき、ある程度の差になったとき、その差がさらなる差を生み、差が急拡大する**ことが分かる。

図 3.9　相打ち戦果積み上げモデル

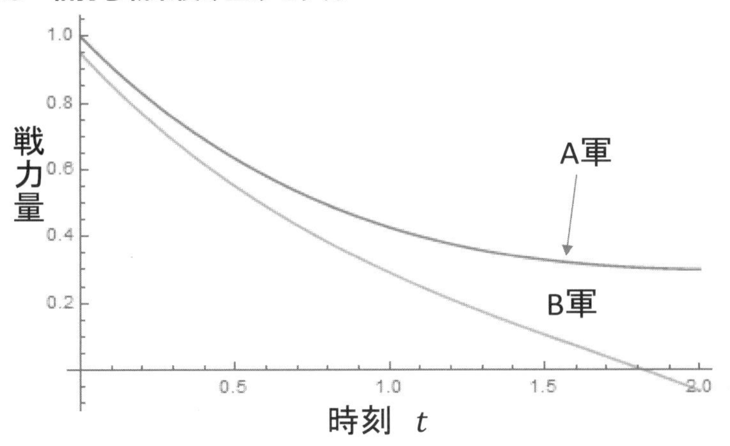

ここで、ランチェスター第1法則に基づくグラフとランチェスター第2法則に基づくグラフを比較してみる。赤・青それぞれで、下に位置する軌跡は、初期戦力 A=1,B=0.95 に対して（$df_a/dt=-B$, $df_b/dt=-A$）と設定したグ ラフ（つまり、ランチェスター第一法則に基づくグラフ）で通常のランチェスター第2法則のグラフ（$df_a/dt=-fb$, $df_b/ dt=-f_a$）と比較している。比較すると明らかになる通り、ランチェスター第2法則のグラフは、双方とも、自軍戦力により、相手に打撃を与えた分、次の瞬間に相手によって自軍戦力に与えられる打撃が減って、その分、自軍戦力の減少にブレーキがかかっていることが分かる。これを**ブレーキ効果**と名付ける。

図 3.10　ブレーキ効果

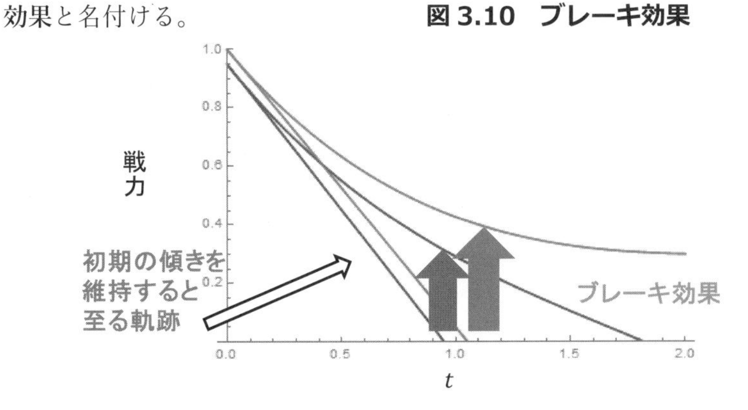

ここで、初期戦力がそれぞれA、Bの時、戦闘後の双方の残存戦力との関係を数学的に求めてみる。方針は簡単で、時間を消すことを目的とすればよい。そうすれば、faとfbだけの微分方程式になるから、両者の関係を求めることができる。それを解くと、よく知られたランチェスター第2法則の「戦力の二乗則」を得る。
戦力の二乗則のみしかご存じない方は、なぜこのような式が生まれたのか不思議に思われていたかもしれないが、時間についての微分方程式を変形することによってこの式は簡単に得ることができるのである。

図 3.11　相打ち戦果積み上げモデルの解

$$\frac{df_A}{dt} = -k_B f_B$$
$$\frac{df_B}{dt} = -k_A f_A$$

条件

$f_A > 0$
$f_B > 0$
$k_A > 0$
$k_B > 0$

$$\frac{df_B}{dt}\frac{dt}{df_A} = \frac{k_A f_A}{k_B f_B} \quad \longleftarrow$$

与えられた条件の範囲で $f_A(t)$ は、狭義単調の関数で、その範囲で $\frac{df_A}{dt} \neq 0$ である。

$$\frac{df_B}{df_A} = \frac{k_A f_A}{k_B f_B}$$

（形式的に、$k_B f_B df_B = k_A f_A df_A$ としてよいので、）

$A、B$ → $A_1、B_1$

両辺を、AからA_1、BからB_1（同じ時刻について）の区間で積分して、

$$k_B \int_B^{B_1} f_B df_B = k_A \int_A^{A_1} f_A df_A$$

従って、

$$k_B \left[\frac{1}{2} f_B^2\right]_B^{B_1} = k_A \left[\frac{1}{2} f_A^2\right]_A^{A_1}$$

$$B_1^2 - B^2 = \frac{k_A}{k_B}(A_1^2 - A^2) \quad 即ち \quad B^2 - B_1^2 = \frac{k_A}{k_B}(A^2 - A_1^2)$$

図 3.12　B 軍全滅時の A 軍残存戦力

$$B^2 - B_1^2 = \frac{k_A}{k_B}(A^2 - A_1^2)$$

$k_A = k_B = 1$　とすると

$$B^2 - B_1^2 = (A^2 - A_1^2)$$

$B_1 \to +0$　の時、即ちB軍全滅時

$$A_1 \to \sqrt{A^2 - B^2}$$

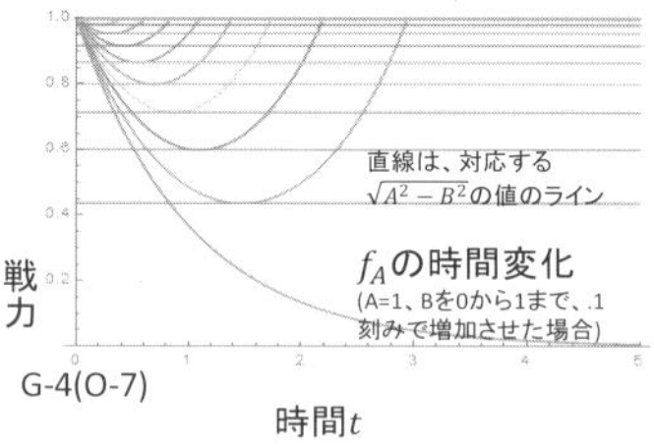

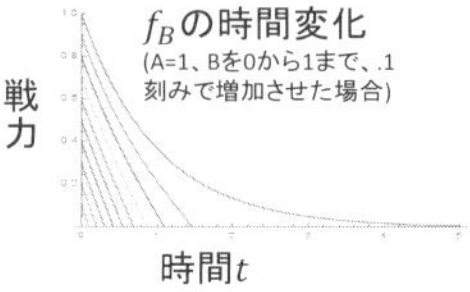

直線は、対応する $\sqrt{A^2 - B^2}$ の値のライン

f_Aの時間変化
(A=1、Bを0から1まで、.1刻みで増加させた場合)

戦力
時間t
G-4(O-7)

f_Bの時間変化
(A=1、Bを0から1まで、.1刻みで増加させた場合)

戦力
時間t

となると、ランチェスター第２法則の時間による微分方程式がいかにして得られたかという点の説明が必要になる。もしこれが正しくない仮定なら、すべてが崩れ去ってしまうからである。

実際のところ、ランチェスター第２法則の時間による微分方程式を導くのはそう難しいことではない。単位時間に自軍が受ける攻撃量の総量に微小時間をかけたものが、瞬時戦力減少量だと仮定すればよいのである。

この仮定は極めて妥当なものである。つまり、単位時間に自軍が受ける攻撃量の総量分、単位時間に本来であれば戦力は減少する。しかしそれでは、その時間の間に起きた、戦力の相互の変化が反映されていない。従って、微小時間という概念（つまり、相互作用を考慮しなくて済むほど短い時間という考え方）を使って、ごくわずかの時間に減少する瞬時戦力減少量を、単位時間に自軍が受ける攻撃量の総量に微小時間をかけたものとするわけである。

これは折れ線近似をさらに進めて曲線で表現し、実際の戦闘結果を計算しているに過ぎないのである。極めてシンプルかつ正当な戦闘シミュレーションのやり方である。

ここでいう**単位戦力とは、相手から、全く反撃を受けない（即ち味方の戦力減少がない）状態での戦闘において、相手の単位戦力を、単位時間で撃破する戦力**のことである。

実際には、相互作用があるため、ブレーキ効果によって、その様にはならない。

４．密集隊形のデメリット

ここで、式の形を

（瞬時戦力減少量）
＝（個体あたりの受ける攻撃量）×（自軍の規模）×（微小時間）

と分解すると、密集隊形をとるデメリットを計算することができるようになる。分散隊形をとっている戦闘部隊は

（個体あたりの受ける攻撃量）＝（自軍の受ける攻撃量）/（自軍の規模）

となる。つまり、相手が一発の砲弾を放つと、こちらの車両が3台なら、個体あたりの受ける砲弾は1/3発と見積もるわけである。

最終的に、分散隊形の瞬時戦力減少量は、

（瞬時戦力減少量）
＝（自軍の受ける攻撃量）/(自軍の規模)×（自軍の規模）×（微小時間）
＝（自軍の受ける攻撃量）×（微小時間）

となり、変わらない。

しかし、密集隊形をとる場合、

（個体あたりの受ける攻撃量）＝（自軍の受ける攻撃量）

である。これは、相手が1発の砲弾を放つと、こちらの車両が3台なら、3台とも被弾して破壊されてしまうと受け取るのである。つまり、相手が撃った一発は、こちらの規模に関わりなく、個体あたり、1発被弾すると見積もるわけである。

従って、

（瞬時戦力減少量）
＝（自軍の受ける攻撃量）×（自軍の規模）×（微小時間）

となり、自軍の受ける攻撃量に自軍の規模をかけたものに微小時間をか

けたものが戦力から差し引かれるので、かなり不利になることが分かる。ただし、このモデルでは、軍の規模が単位戦力1以下になると密集できない。即ち、計算できないという問題点がある。このため、このモデルを使って計算するのは、**どちらが・どの程度早く・単位戦力まで減少するか**という問題である。

　これを微分方程式にすると、
分散隊形の軍をA軍とし、A軍戦力を *fa*、密集隊形のB軍戦力を *fb* で表すならば、

$$df_a/dt=-f_b$$
$$df_b/dt=-f_a\ f_b$$

となる。

図 3.13　密集隊形のデメリット（連座）

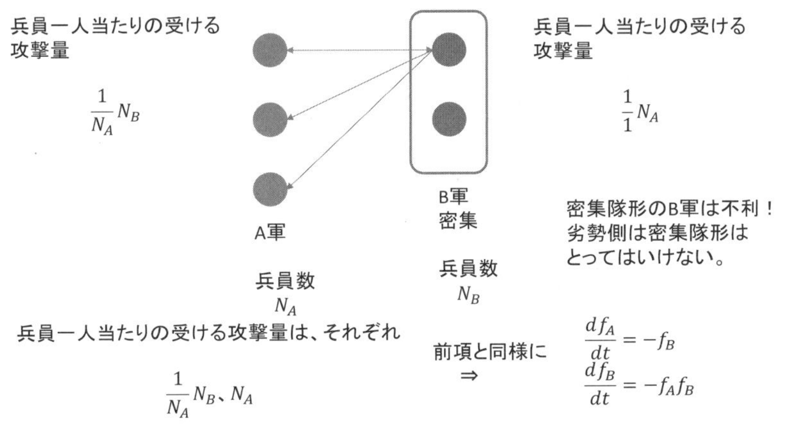

　これを計算機シミュレーションした結果を**図 3.14** に示す。

　双方初期戦力10で始めたものが、t=0.25付近で既に密集隊形のB軍は戦力が単位戦力まで低下していることが分かる。

帝国海軍は、守勢時に爆撃機が密集隊形を取ることが多く、多くの貴重な戦力を失った。敵に集中砲火を浴びせるためという概念を当時は唱えていたが、実際はこのように、被弾時に複数機が同時に被弾脱落する、守勢時の密集隊形は極めて不利である。

このように、あらゆる戦いは、科学に基づかなければならない。

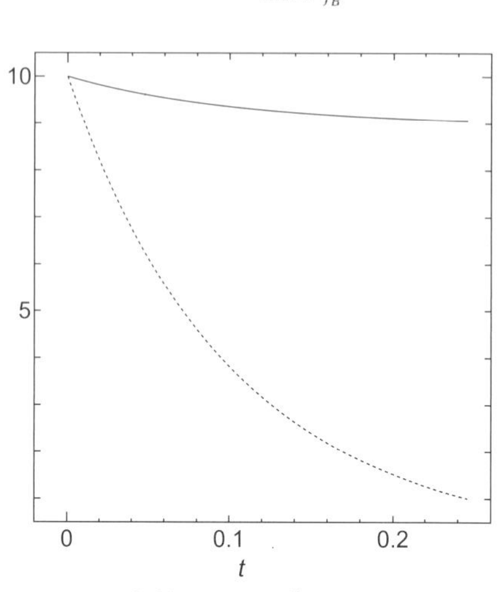

図 3.14　密集隊形のデメリット(試算)

守勢時の戦力分散の効果は、敵の攻撃圏外に逃れる機を増やすことによって、敵の稼働率、後述する効果係数を下げるメリットがある。

⇒戦争のシミュレーションの項を参照

コラム：南雲長官のジレンマ

ランチェスター第2法則の微分方程式を理解したうえで、ミッドウェー海戦で南雲長官が直面したジレンマに当たると、我々は、明確にこのジレンマを解く解を得ることができるようになる。

このジレンマを簡単に解説すると、敵空母に大きな打撃を与えるためには、日本側は、攻撃機を雷装に転換してから発艦させる必要があるが、雷装に転換するためには時間がかかるというものである。

日本側が、もし爆装のまま攻撃機を発進させていた場合、米空母は艦爆による急降下爆撃を避けられず、飛行甲板が潰され、打撃力がほぼ壊滅する。この場合、日本側の空母も被弾し、何隻かの飛行甲板が潰される可能性が強いが、重要なことは、その際にアメリカ側の空母の飛行甲板が壊滅していることである。つまり、敵の攻撃力を先に潰すことが重要なのである。

この場合、アメリカ側の打撃力はほぼ失われている。従って、一隻でもこちらの空母の飛行甲板が生きていれば、米空母をすべて葬ることは時間の問題で可能である。

しかし、もし史実通りに雷装転換に時間をかけていれば、日本側の空母の飛行甲板が先に潰され、攻撃力を失うことが分かる。

従って、ランチェスター第2法則の微分方程式は、時間 t による微分方程式なので、打撃力をどちらが先に行使して相手の打撃力を潰し、以後の味方の被害を減らすかがポイントであることが分かる。

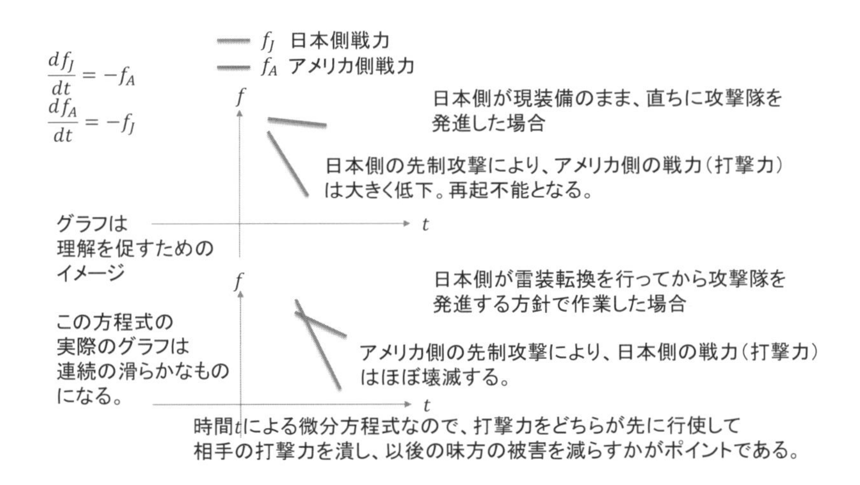

図 3.15　微分方程式で理解する南雲長官のジレンマの解

[註 1] 直掩：直接掩護の略とする説もある。

演習問題

問 1　機動的（能動的）撤退戦と受動的撤退戦（敗走）の違いについて考えなさい。

問 2　マリアナ沖海戦において、日本海軍は基地航空隊を如何に運用すればよいか議論しなさい。

問 3　マリアナ沖海戦に使用可能な、基地航空隊、連合艦隊、機動部隊の統合的作戦を立案しなさい。

問 4　相打ち戦果積み上げモデルにおいて、戦力 2 の A 軍と戦力 1 の B 軍の戦闘経過をΔt=0.25 で t=0.5 まで、計算してみなさい。また、Δt を限りなく小さくしたときに B 軍が全滅するまで戦った時に、A 軍の残存戦力を求めなさい。（解答は右下）

問 4：解答

0	0.25	0.5
2	1.75	1.625
1	0.5	0.0625

$\sqrt{(4-1)}$

第２部　戦争設計と方程式（工業力の導入）

いざ戦端が開かれてしまえば、戦場は、効果的な力の行使が支配する場となる。そこでは時間を味方につけた側が勝利を手にする。それは、単に工業力という要素だけではない、戦力の効果的な稼働もまた、工業力以上に戦場に影響を与える。そしてこれらの関係は数式で表すことができる。

言い換えると、我々は勝利に向かっているか否か数学の力を使って知ることができ、方針を柔軟に転換することによって、結果さえも左右することができるのだ。

汝、時を味方としたければ

まず、働き続けよ

さもなければ、

すべてを失うだろう

第４章　戦争の数学的設計

戦力と工業力のどちらを優先して叩くか、これは、紀元前からある悩ましい問題である。敵の工業力を放置すれば、敵の戦力は増大し、一方で、敵の戦力を放置すれば、味方の被害が増大する。このジレンマは、司令官の直面する最も大きなジレンマといえる。

しかし、本書の賢明な読者ならば、第２章を応用し、危険な敵、即ち、戦力から優先して対処するべきであるという指針を導くかもしれない。結果的には、これこそ妥当な選択である（その選択を行った読者の理解力には驚くほかはない！）が、本章では、このジレンマになぜその選択が妥当であるかを、微分方程式を用いて説明し、そのうえで、その相互作用をシミュレーションし、結果を論じている。

結果から言うなれば、危険な敵（戦力）に優先して対処し、続いて間髪を入れず、敵の工業力を徹底的に破壊することが良いという結論が導出される。

驚くべきことに、これらの研究成果は、米国が近年採用した核戦略におけるカウンターフォース戦略（後述）を理論的に裏付けることになる。

ローマ人にイタリア半島を与えておくことは、
何でもくみ出せる井戸を与えておく事と同じことだ
ハンニバル・バルカ（古代カルタゴの名将）

1．戦争の基本方程式（工業力追加モデル）

3章での議論を踏まえると、工業力をどのように、ランチェスター第2法則の微分方程式に加えて評価するかという問題意識を共有することができると思う。この問題意識に対する答えは以下の式で与えられる。

- A軍の戦力をf_A, 工業力をm_A, B軍戦力の破壊に稼働する効果係数をk_{F_A}, 分割率をr_{F_A}, B軍工業力の破壊に稼働する効果係数をk_{M_A}, 分割率をr_{M_A}とすると, $k_{F_A} \geq 0, k_{M_A} \geq 0, r_{F_A} + r_{M_A} = 1$であり、B軍についても同様に置くと$k_{F_B} \geq 0, k_{M_B} \geq 0,\ r_{F_B} + r_{M_B} = 1$であり、方程式は以下のようになる。

$$\frac{df_A}{dt} = -k_{F_B} r_{F_B} f_B + m_A \qquad \frac{dm_A}{dt} = -k_{M_B} r_{M_B} f_B$$

$$\frac{df_B}{dt} = -k_{F_A} r_{F_A} f_A + m_B \qquad \frac{dm_B}{dt} = -k_{M_A} r_{M_A} f_{\mathrm{A}}$$

ここで、工業力の単位である**単位工業力とは、単位時間ごとに自軍の単位戦力を生み出す規模の工業力のこと**を指す。ここで、単位工業力が単位時間で生み出した単位戦力が、（分割率1を振り向けた場合にも）相手の単位工業力を単位時間で撃破するとは限らない。また、単位戦力が、単位時間に、相手の反撃なしの状態で、相手の単位戦力を撃破するとは限らない。従って、**効果係数**という概念を導入する。効果係数は、**敵味方の相対的な兵器の威力**と考えて差し支えない。

ここで、効果係数、分割率は以下で定義される。

r_{F_A}　A軍の敵戦力に振り向ける戦力の割合。分割率
r_{M_A}　A軍の敵工業力に振り向ける戦力の割合。分割率
自明だが、$r_{F_A} + r_{M_A} = 1, r_{F_A} \geq 0, r_{M_A} \geq 0$ である。

$k_{F_A} \geq 0$　**A軍の敵戦力に使用する兵器の威力。$k_{F_A} = \mathbf{1}$で、単位時間に無抵抗の敵単位戦力を撃破**
$k_{M_A} \geq 0$　**A軍の敵工業力に使用する兵器の威力。$k_{M_A} = \mathbf{1}$で、単位時間に敵単位工業力を撃破**

B軍についての分割率、係数も同様である。

この基本方程式は、以下のような考え方で導出されている。
即ち、

相互作用を考慮する必要のないほど小さい時間の戦力増加量
（瞬時戦力増加量）は、
-(極めて小さな時間の間に相手の戦術攻撃によって減少する戦力)
+(極めて小さな時間の間に自軍工業力により補給される戦力)

で表されるという考え方である。
式に起こすにあたって、単位時間ごとの

-(単位時間の間に相手の戦術攻撃によって減少する戦力)
+(単位時間の間に自軍工業力により補給される戦力)

を考え、それに（微小時間）をかけることで、（瞬時戦力増加量）を導出している。

ここで微小時間を左辺に移項し、この値をきわめて小さな値にすることによって微分方程式として扱うことにより、この式は工業力と戦力の複雑な相互作用を、少なくとも理論的には完全にシミュレーションすることができるようになる。（瞬時工業力増加量）についての考え方も同様である。

$$(\text{瞬時戦力増加量}) = \left(-\begin{pmatrix} \text{単位時間に} \\ \text{自軍戦力が} \\ \text{受ける攻撃量} \\ = \\ \text{単位時間に} \\ \text{減少する戦力} \end{pmatrix} + \begin{pmatrix} \text{単位時間に自軍工業力に} \\ \text{より補給される戦力} \end{pmatrix} \right) \times (\text{微小時間})$$

$$(\text{瞬時工業力増加量}) = \left(-\begin{pmatrix} \text{単位時間に自軍工業力が} \\ \text{受ける攻撃量} \\ = \\ \text{単位時間に減少する工業力} \end{pmatrix} \right) \times (\text{微小時間})$$

ここで、効果係数の時代による変化に言及すると、過去においては、効果係数（特に敵工業力に振り向ける兵器の威力）は、1より小さい値をとり、故に工業力神話が生まれる原因となった。これは、単に工業力の破壊が難しいということであって、敵戦力の破壊が敵工業力の破壊に優先する事項であることと、敵戦力を破壊し、生まれてくる戦力を破壊するだけの戦力をはりつけた後は､時間はかかっても敵工業力を破壊し、全滅させられることに変わりはない。そういう意味で、過去においても工業力神話は誤りである。この比率が低いことは、単に敵工業力の破壊に時間がかかるということを意味している。現代戦においては、対工業力の効果係数は1よりも非常に大きい値をとり、工業力は益々容易に破壊されてしまう。

シミュレーションの際の実際の数値の落とし込みは、大きく分けて三段階のプロセスによって行われる。

① 単位時間を決める。（1 年→ 1 (単位時間) でも、1 時間に対応させてもよい）
② 単位工業力を決める。（工業生産能力（例えば、造船能力　100 隻 / 年を単位工業力 1(単位工業力) とすると単位戦力は、単位時間が 1 年なら 100 隻が戦力 1(単位戦力) に対応する））。ここまでは、敵味方共通
③ 単位戦力が単位工業力や無抵抗の敵の単位戦力を撃破するまでにかかる時間をもとに効果係数がそれぞれ決まる。これは、敵味方で異なる。

ここで、実際の数値例を使って、シミュレーションを行う前に、支配的なのは戦力か、それとも工業力か、予測して議論してみよう。いくつか重要なポイントを列挙すると、

・工業力は、戦力を作ることで系に影響を与えるが、自らも敵戦力によ

る破壊で減少してしまう。
・戦力は、敵の戦力も工業力も直ちに減少させることができる。

となる。これを専門的な言葉で表現するなら、**戦力は即効性**であり、**工業力は遅効性**であるという。従ってこの段階の予測では、明確に工業力よりも、「現有」戦力の方が、ウエイトが大きいと考えることができる。

2. 戦争の基本方程式の数値シミュレーション

ここで、コンピュータを用いて数値解析を行い、予測が正しいか確認する。**図 4.1、4.2** のグラフもあわせてご参照いただきたい。

ケースⅠ
A 軍、B 軍ともに工業力、戦力ともに 1 という前提で、戦争をシミュレーションする。A 軍は開戦後 9 割の戦力を B 軍戦力に対する攻撃に適用。残りの一割を B 軍工業力に対する攻撃に適用。B 軍は、開戦後、5 割ずつの戦力を A 軍戦力、B 軍工業力に対する攻撃に適用する。
経過
t=2.5635 の時点で A 軍工業力は全滅。しかし、B 軍戦力は A 軍戦力の半分に減少。A 軍工業力を全滅させた B 軍は十割の戦力を A 軍戦力に対する攻撃に適用するが、戦闘の結果、時刻 t=13.2485 に B 軍戦力は、全滅する。
B 軍戦力の全滅後、A 軍は戦力の 0.192929 を B 軍戦力に対する攻撃に振り向け、残りを B 軍工業力の破壊に振り向ける。以後、B 軍は、A 軍戦力値を減少させられず、工業力も全滅する。B 軍は、戦力、工業力ともに全滅、A 軍は、0.245108 の戦力のみが残存する。

結果
A 軍戦力 24% 残存、工業力　全滅
B 軍戦力全滅、工業力　全滅

ケースⅡ

A軍、B軍ともに工業力、戦力ともに1という前提で、戦争をシミュレーションする。A軍は開戦後9割の戦力をB軍戦力に対する攻撃に適用。残りの一割をB軍工業力に対する攻撃に適用。B軍は、開戦後、9割の戦力をA軍工業力に対する攻撃に適用、残りの一割をB軍戦力に対する攻撃に適用する。

経過

t=1.25905の時点でA軍工業力は全滅。しかし、B軍戦力はA軍戦力の半分以下に減少。A軍工業力を全滅させたB軍は十割の戦力をA軍戦力に対する攻撃に適用するが、戦闘の結果、時刻t=10.5686にB軍戦力は、全滅する。

B軍戦力の全滅後、A軍は戦力の0.263549をB軍戦力に対する攻撃に振り向け、残りをB軍工業力の破壊に振り向ける。以後、B軍は、A軍戦力値を減少させられず、工業力も全滅する。B軍は、戦力、工業力ともに全滅、A軍は、0.335045の戦力のみが残存する。

結果

A軍戦力33%残存、工業力　全滅

B軍戦力全滅、工業力　全滅

カウンターバリュー戦略とカウンターフォース戦略

このシミュレーションは、次章で述べる空間格子分割法において、空間格子を一つだけ置いた場合に相当する。これは、射程が長い、大陸間弾道弾による戦闘空間と考えることができる。

核戦略において、敵の価値目標（即ち工業力）に重きを置くカウンターバリュー戦略と、敵の核戦力目標に重きを置くカウンターフォース戦略がある。米軍は近年カウンターフォース戦略に転換したが、上記の結果は、それが実に正しい戦略であることを裏付けている。

図 4.1　ケース I

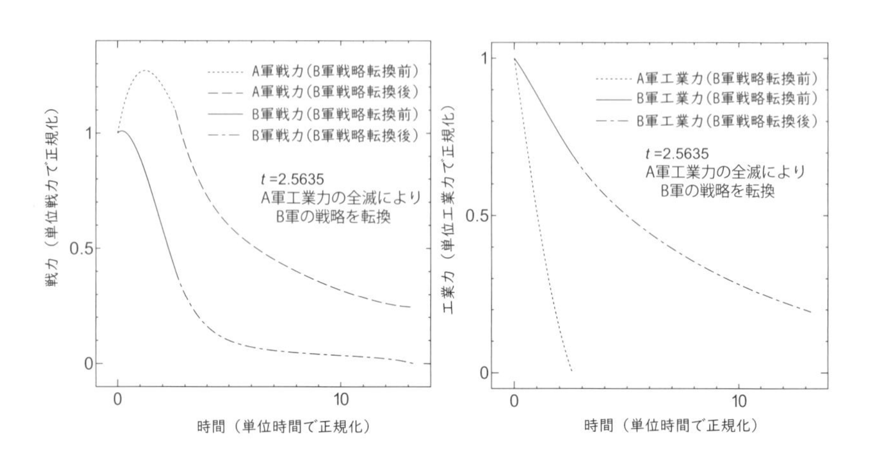

図 4.2　ケース II

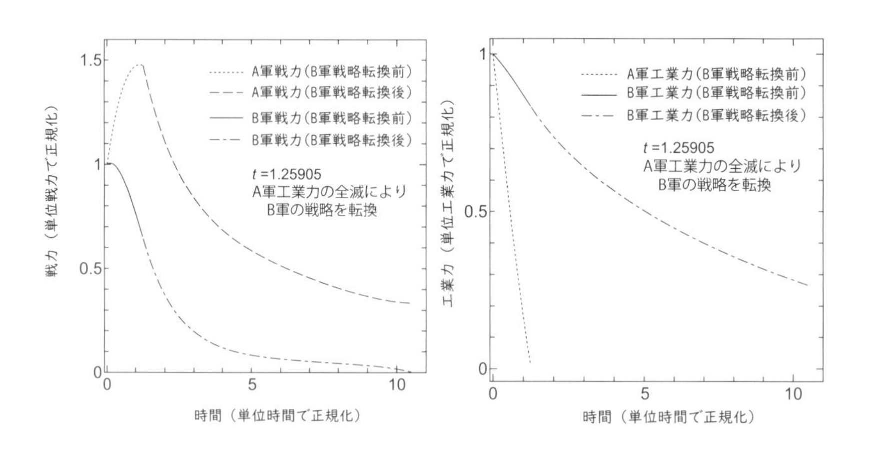

以上から、工業力は、潜在武装力であるが、工業力は戦争において支配的影響を与える支配項ではないことが分かる。工業力は、戦争に大きな影響を与えうる存在であるが、敵の戦力により、破壊されてしまえばそれまでである。

工業力が戦争に支配的影響を与えるのは敵が工業力を叩きに来ない、戦力が拮抗しているなどの、特殊状況下による。

当時のアメリカは、潜在武装国家であり、航空主兵[註1]の考えを持つ将軍は重要視されていなかった。例えば、レイモンド・スプルーアンスは無名の一少将であり、空母の集中運用も検討されておらず、空母の各個撃破が可能である。

3．戦力投射における戦力密度の原則

根拠地からの距離の二乗に反比例して戦力が減衰するという既知の理論は、我々が科学的根拠を求める際に大きな疑問を生じさせる。例えば、マリアナ諸島を発進したB29の戦力は、東京の上空に達するまでに距離の二乗に反比例して低下したのか。あるいは、日露戦争でバルト海を出撃したロシア海軍の戦力は、日本海に達するまでに根拠地からの距離の二乗に反比例して低下したのか。これらの質問だけで、賢明な読者は、この法則を筆者がカミカゼ理論と呼ぶ理由がわかるだろう。この原則には何ら根拠はなく、あるのは、軍隊を遠方に進出させると戦力が低下するだろうという大雑把な先入観と、近くまで引き付けて迎撃すれば、どんな巨大な敵でも打ち破れるという根拠のない希望的観測だけである。つまり、遠方の敵を近くにひきつければ、距離というカミカゼが吹き、戦力を距離の二乗に反比例して削ってくれるというわけである。これなら、戦力や工業力が何倍の相手とも、遠くの敵とならことを構えて安心というわけである。

しかし、実際はそうはいかない。

3000機の爆撃機は、放置すればそっくりそのまま全土の上空に到着し、爆弾や焼夷弾を容赦なく投下するのである。移動手段が徒歩や馬を

主としていた時代であればいざ知らず、飛行機や船を主とする近現代においてこの理論はもはや成り立たない。

しかし、相手の戦力はどのようなオペレーションをしても距離に関係なく減衰しないのか、というとそうではない。もし作戦において、例えば、根拠地から扇型の領域をすべて制圧しようとすれば、敵の投射する戦力密度は根拠地からの距離の二乗に反比例して減衰する。ここで減衰という言葉を使うのは、その戦力が消失するわけではなく、あくまで分散によって減り衰えるからである。

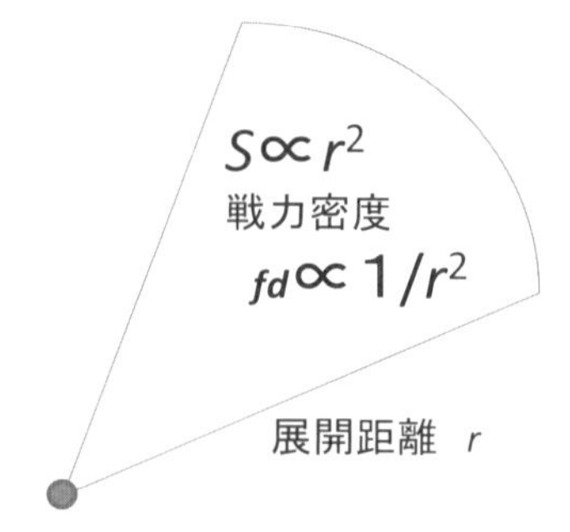

図 4.3　エリア防衛方式

もし、航路帯のような細く長い領域をだけを確保するなら、敵の戦力密度は、距離に反比例して減衰する。

そして、船団護衛形式と言って、船団をコンパクトにまとめ、ひとまとめの戦力を相手に叩きつける方式をとられると、理論的に距離による減衰は期待できない。

基地　　展開距離 r

$S \propto r$
戦力密度
$fd \propto 1/r$

4.4　航路帯防衛方式

基地　　展開距離 r

Sはrに対してコンスタント。
戦力密度(fd)は
rによって
減衰しない。

4.5　船団護衛方式

またこれは、あくまでもレーダーや指揮系統が発達していない場合の話であって、たとえ扇形の面積をおさえる作戦を相手が採用したと言っても、敵がこちらの配置を完璧に把握していて、こちらの配置に対して完璧に適切な戦力割り付けをした場合、敵戦力の距離による減衰は全く期待できなくなってしまう。読者諸賢には距離に頼る防衛方針が如何に愚かなものであるのか、強く認識してほしいと願っている。

では、どれだけ遠方に軍を進出させようと、どんな無計画な領土拡大を目指しても、戦力は減衰しないのか疑問が生じると思う。この問いに対する解は当然存在する。ここで、理想とする領土の限界が決まっていない作戦を**無制限作戦**と呼ぶ。この場合、敵も無制限に存在するため、敵の防衛縦深は常に意味を持ち、味方の領域は常にあらゆる方向から脅かされ続ける。敵の前線突破にも備える必要があるため、戦力を基本的には均等配置する必要が生じる。エリア防衛方式と同様である。このため、戦力密度の点から以下のような式を得ることができ、無制限な領土拡大は、戦力密度を低下させ、国家を弱体化させることが分かる。従って、最適な領土の限界点が存在する。

4.6　無制限作戦における戦力密度

$$\Delta f_{DENS} = \frac{f + \Delta f}{S + \Delta S} - \frac{f}{S} = \frac{\Delta f - \frac{f}{S}\Delta S}{S + \Delta S}$$

Δf_{DENS}　戦力密度の増加量
f　現全戦力
S　現全領土
Δf　領土拡張の効果による全戦力の増加量
ΔS　拡張された領土

ある程度以上の領土の拡張はΔf_{DENS}を負にする。

ここで、戦力密度と戦争空間での勝敗の関係は、第5章における空間格子分割法の導入と関連している。微小領域面積をとすると、微小領域中のこちらの戦力密度がなら、微小領域中に存在する当方戦力は

$$f_{DENS(x,y)} \times S$$

で与えられる。敵軍も同様に微小領域中の戦力値は与えられるから、この領域で如何に戦闘に勝つかという問題は、第3章の内容を踏まえるならば、如何に味方のこの領域での戦力密度を上げるかという問題に換言される。従って、如何に戦力密度を落とさずに戦力を投射するかは非常

に重要な問題なのである。

＊被弾リスクは分離しなければならない（第３章)。従って、「相互援助可能な領域」に展開させるという重要な概念が生まれる。

４．敵の生産拠点に対する本格的攻撃の必要性

敵の戦力を枯渇させた後、我々は、必然的に敵の工業力を叩くことになる。工業力は戦力の母であり、戦場における航空母艦のようなもので、そこを破壊してしまえば、敵は戦力を生み出せなくなるからだ。

戦略攻撃の必要性は、何も第二次世界大戦から始まる発想ではなく、紀元前、第二次ポエニ戦役の際、なぜリスクを冒してイタリア半島に進攻しようとするのか問われたカルタゴの名将ハンニバルは、直ちに「ローマ人にイタリア半島を与えておくことは何でもくみ出せる井戸を与えておくことと同じことだ」と答えている。

これは既に紀元前に（陸軍を用いたものではあったが）戦略攻撃の発想があったことを示している。敵戦力を休ませず枯渇させた後、直ちに敵工業力を叩くことは、戦争の基本方程式上も大きな意味を持つ。ここでは、それをベースにしたうえで、敵の本土に本格的な攻撃を加えることのさらなるメリットを説明する。**図 4.7** は、補給拠点と生産拠点のどちらを叩くことが、より本質的攻撃になるか示している。同図のように、補給拠点は、叩いて破壊しても、容易に移設、再建されてしまう。従って、本質的な攻撃には生産拠点に対する攻撃を行わなければならない。

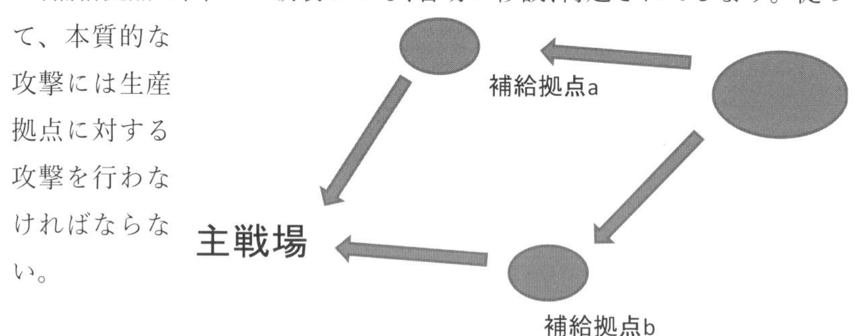

図 4.7　補給拠点と生産拠点

ここで、戦場における近接攻撃効果（**これを軍事におけるトンネル効果**と呼ぶことにする）について述べる。トンネル効果[註2]は物理学の世界において、粒子が到底乗り越えられないはずのポテンシャル障壁をすり抜けてしまう現象をさす。軍事の世界でもこれと同様のことは起こる。例えば、下図のように、攻撃側が大砲50門しか持っていなかったとする。しかし、守備側は100門持っているとすると、これを打ち破り、背後の柔目標（例えば、工業力を構成する工場）を攻撃するのは通常不可能に思える。これが、軍事におけるポテンシャルの壁である。

しかし、もし防御側の深度が薄く、柔目標はすぐその背後にあればどうか。確率的要素で、柔目標が戦闘の被害を受ける可能性は、極めて高くなる。

従って、これは、あたかも、そのポテンシャル障壁を「乗り越えず」に「すり抜けて」攻撃が行われた現象のように見える。このことから、防衛側は、例え優勢であっても、防衛縦深（防衛陣地の深さ）を深くとることが必要であることがわかる。

図 4.8　トンネル効果

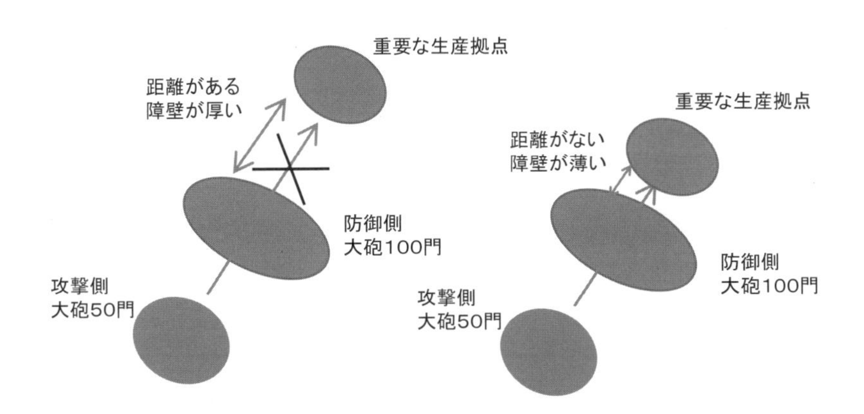

しかし、高度に文明化された国家の本土においては、特に都市部や工業地帯において、その様な防衛体制を構築することは極めて難しい。当然のことながら、本土に入り込まれてしまうと、柔目標（即ち工業力や社会インフラ、指揮命令系統）が容易に破壊されてしまう。

重要な生産拠点が主戦場になってしまう段階まで行くと、生産拠点の破壊により生産活動が低下する。ここで敵が主戦場を我々の生産拠点まで移してくると、生産力低下は、戦線維持機能の低下に直結して、戦線の決壊を生み、それがさらなる生産力低下を生み、乗数的な破壊効果を生む。→加速度領域

このため、外部から補給を得られない場合は、本土での決戦は極めて不利であり、防衛縦深はあまり機能しない。

逆に外部から補給を得られる場合（第二次世界大戦における連合国にとっての中国大陸など）などでは、防衛縦深（防衛深度）は大きな意味を持つ。

戦争の基本方程式では、どの瞬間も、その瞬間に破壊される敵戦力や工業力は、こちらの戦力に比例する。つまり、敵の戦力関数や工業力関数の傾きは、こちらの戦力に比例する量以上のマイナスにはならない。これを、**戦果比例領域**と名付ける。ところが、トンネル効果を得られるような、敵本土に対する本格的な侵攻状態になると、前ページに記述したように、敵の戦力、工業力の崩壊は、加速度的に加速していく。これを加速度領域（**図 4.9**）と名付ける。この加速度領域にいったん入るとそこからの復元は極めて困難である。

従って、一たび開戦したならば、我々の戦略的指針は、まず戦果比例領域で敵の戦力を叩いて枯渇させ、その後、敵本土に進攻し、工業力を徹底的に破壊することにある。そうすれば、敵戦力、工業力の破壊は加速度領域に突入し、復元は困難となる。

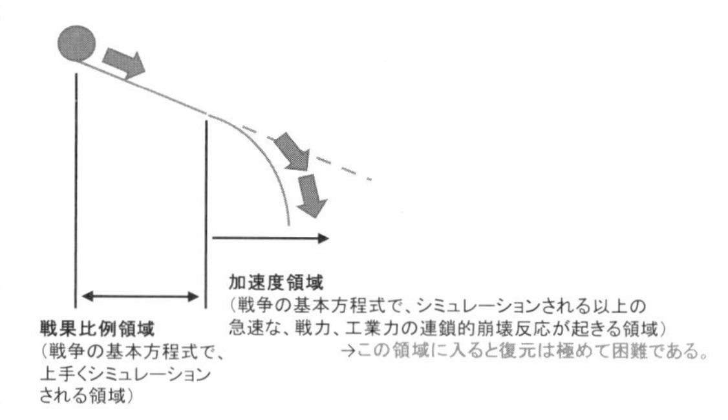

図 4.9　加速度領域と戦争の基本方程式

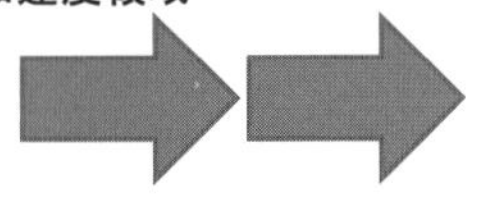

図 4.10　戦略の科学的な意味とは

これまでの議論を踏まえて、現有戦力優位の場合と、工業力優位の場合でそれぞれ、海軍戦略がどのように変化するか見てみよう。

5．戦力優位と工業力優位の海軍戦略の違い

我々が戦力優位に立った場合、採用する戦略は艦隊決戦主義である。なぜならば、相手国に戦力増強（つまり、復活）の暇を与えないことが非常に重要であるからである。従ってこの場合、戦力の稼働率向上を志向し、まず艦隊決戦主義で敵の戦力を完膚なきまでに破壊し、その後、間を置かずに戦力を用いて、直ちに敵の工業力を破壊することが重要になる。これは、必ずしも敵の工業力を破壊するというハードランディングだけでなく、それが可能である状態に持っていくことで、講和の可能性を拓くことが可能になる。つまり、相手に工業力の稼働を「止めさせること」が目的であって、必ずしもその破壊が目的ではないのである。

ただし、講和やその交渉が単なる時間稼ぎとなって相手を利することがないように注意しなければならない。こちらが現有戦力優位であって、相手が工業力優位である場合、早い戦争終結（敵戦力、敵工業力の破壊、もしくは敵戦力破壊の時点での講和）によって「時間を止めること」が重要になる。長期戦を覚悟して、長期持久の体制などを前提に戦争設計をすることはとんでもないことである。その場合、こちらは、必敗だか

らである。

一方の工業力優位で、現有戦力劣勢の国家の場合、開戦後始めの段階では、フリートインビーイング（大艦隊温存）を採用し、とにかく、決定的な打撃を受けることを避けることが戦勝への近道となる。

その後、工業力がものを言い、現有戦力で相手を大きく上回ったら、直ちに艦隊決戦主義に移行すれば、戦勝は約束される。

ここで、現有戦力優位と、工業力優位で二つの戦略があることを提示したが、当然、現有戦力優位の方が有利である。なぜなら、現有戦力優位の側は、例えば、敵の母港や、工業力の源を攻撃する姿勢を見せることによって、相手に艦隊決戦を強要することができるからである。もちろん相手はそれを無視することもできるが、そうすれば、死活的に重要な目標を破壊されたり、失ったりしてしまう。

従って、艦隊決戦を強要された場合、工業力優位の側には事実上選択肢がなく、決戦を避けることは難しい。また結果も良いものとなることは稀である。従って、それなりの工業力を有していても、それ相応の現有戦力を有しないことは極めて危険なことであって、工業力の潜在武装能力のみで満足することは、平和の構築上、きわめて危険なことであると認識する必要がある。

6．日本の戦争設計の実際

対米戦は不可避との認識が決定的に欠如して、その方策を真剣に検討することから忌避してきた結果が、戦争設計の根本的な誤りに現れている。米国は、T. ウィルソンの時代から画策しており、当時の海軍次官はF. ルーズベルトであり、日本を戦争に追い込むことは極めて現実的な選択肢の一つだった。欧州での戦争へ参戦するためのバックドアではなく、日本自体の海軍力が標的にされたと考えてよい。従って、日本海軍にとっては、米国の海軍力に真剣に対抗するのではなく、予算獲得のためのベンチマークとして、米国の海軍力を利用していたにすぎないが、米国においては、両洋艦隊法など、始めから、日本を打ちのめす艦隊の構築が前提で事が進んでいた。

この状態において、ドイツやイタリアと同盟を結んだことは無意味どころかマイナスであった。ドイツ艦隊は極めて脆弱であり、イギリスとの艦隊決戦に堪えることはできず、通商破壊に逃げるしかないことは当時から一般的認識であった。イタリア海軍も地中海の内海艦隊であるから、彼らの利用価値はゼロである。日本海軍は、そのことを強く認識すべきであった。仮に彼らがユーラシア大陸を支配したとしても、ユーラシア大陸の現有艦隊の戦闘能力は、全部足しても、当時の日本帝国海軍の足元にも及ばないのである。このような同盟はどう見ても日本の出し前だけになることは明らかであった。また、三国同盟を結んでしまうとチャーチルに日米開戦を促進する動機が生まれてくる。同盟によるしばりもあり、勝ち逃げもできなくなる。従って、ドイツ、イタリアは、是々非々で利用する対象であって、同盟などとんでもない話であった。

ここで、東条内閣の戦争終結についての腹案について触れる。この骨子はセイロン、マダガスカルをおさえて英国を脱落させるところにある。この案で、英国の心臓がセイロン、マダガスカルにあることを見抜いた点は良いが、F. ルーズベルトの日本への殺意、両洋艦隊法による大建艦プラン完成後のことにまで思考が及んでいない。

つまり、日本がインド洋と南方作戦で持久体勢を整えている間に、無傷のアメリカの工業力は、同じく無傷のアメリカ海軍を着々強化して、日本海軍を上回る戦力を手に入れる。そうすれば、軍は悠々と進撃してくるだろう。その場合、日本側の有効策は、全くない。従ってこの案も敗北を招き入れた確率は極めて高い。

また、真珠湾攻撃から始まる開戦方法については、宣戦布告が遅れようと遅れまいと関係なく、米本土が前哨戦なしで攻撃を受けることで屈辱の日は演出される。従ってこの開戦方法では、講和の可能性をはじめから潰すことになる。重要なことは、開戦時、日本海軍の戦力は米側を上回っており、真珠湾攻撃のような冒険は軍事合理上も必要ないということである。

以上を踏まえて、合理的な対米戦争のプランを建てるとすると以下のようになる。

段階ⅰ）米英分断

セイロン、マダガスカル作戦をちらつかせ、ABCD包囲網から、BDを脱落させる（ルーズベルトが世界大戦に参戦しないと訴え当選したこと、日本が対米宣戦しないことを伝える)。そのうえで、セイロン、マダガスカル作戦で英国を恫喝している間、ドイツに状況を伝え、技術の提供でドイツを利用する。さらに、BとDが脱落し、石油が手に入ったなら、堂々と手に入った資源を南方から日本に向けて輸送すると同時に、資源の輸出を求める対米交渉も継続し、ルーズベルトをいらだたせる。

段階ⅱ）挑発と開戦

高速戦艦と巡洋艦を中心とした大建艦プランを公表し、米国の対日戦争を誘発する。先に手を出させる。このとき、実際に追加で建艦するのは飛龍型空母6隻にしておく。この場合、日本側の機動部隊は、大規模な機動部隊が2個機動部隊あることになり､洋上で決戦に及んでも、初戦での大勝は間違いない。このとき、ルーズベルトが直ちに講和に応じなければ、警告を発してハワイ攻略、サンディエゴ、カリフォルニア占領、そこを根拠地とした陸上攻撃機による米本土空襲を容赦なく実施し、講和に追い込む。工業力を破壊された米国は、戦争遂行を断念せざるを得ない。

[註1] 航空主兵：軍の中核戦力を航空機とする思想であり、我が国の戦艦無用論、米陸軍ミッチェルの空軍独立論などがあった。

[註2] トンネル効果：例えば、古典物理学の世界では、壁の向こうにボールを届かせるためには、その壁の高さよりも高く投げることが要求される。しかし量子力学の世界では、量子が波として扱われ、あたかも音が壁の向こうに届くがごとくボールがすり抜けてしまう現象が起こりうる。もちろん実際には、限りなくゼロに近い可能性ではあるが。

演習問題

問1　なぜ、ベトナムがベトナム戦争で勝者と言われるか、同じ結果をWWⅡで大日本帝国が得ることができるか考えなさい。

問2　ルーズベルトが講和に応じるとしたらどのような状態にアメリカがなったときか考えなさい。

問3　彼我の、工業力と戦力の関係と艦隊運用戦略（艦隊保全主義、艦隊決戦主義）及び、講和条件の関係について考えてみなさい。

問4　大日本帝国は必敗であったか、それともそうではないか理由を含めて考えてみなさい。必敗でないと結論付ける場合は、勝機のある戦略を具体的に提示しなさい。

第５章　戦争の基本方程式の応用

第５章では､第４章で紹介した基本方程式の応用の仕方を述べている。始めにどのようなことを意味しているかを述べ、続いて、それを利用して戦争を有利に運ぶためにはどうすればよいのか述べている。

次に、基本方程式を使って、戦争をシミュレーションする方法について述べている。このとき、空間格子分割法を用いて、個々の戦闘空間の集合としての戦場全体をシミュレーションする方法について述べている。

最後にこれを実行するための、C 言語に基づく疑似コードを掲載している。

この章は、あるいは一部の人にしか意味をなさないかもしれない。ただし、数理科学的な根拠として、検証を可能にする、言うなれば種明かしである。科学は検証・批判によって発展する。

凡そ、敵味方の全ての試みは
敵の被害を拡大し
味方の被害を減らす
ことに換言される。
この目的を真に達成したいなら、
不要な制約を全て取り払い
もっとも効果的な作戦行動を
実施することである。
筆者

1．敵の効果係数を下げる

前章で提案した *fa*、および *ma* の減少スピードを決定する方程式をもとにA軍を自軍とする前提で検討すると、*fa*、および *ma* の減少をおさえるために望ましい条件は、*kfb* 及び *kmb* の合計をなるべく小さくすることであることが分かる。この「敵の」効果係数を下げる効果的なアプローチとしては、以下のことがあげられる。

・位置を秘匿し掴めなくする。（機動部隊は必殺の時しか押し出さない、ステルスなどのそもそも位置を掴めなくするテクノロジを導入する。）
・偽装、敵の攻撃を空振りにする。
・守りを固くし、敵の攻撃がこちらに打撃を与えられなくする。（機動部隊輪形陣、護衛船団）

A軍の戦力をf_A,工業力をm_A,A軍戦力の破壊に稼働する効果係数を$k_{F_B} \geq 0$,分割率をr_{F_B},A軍工業力の破壊に稼働する効果係数を$k_{M_B} \geq 0$,分割率を、r_{M_B}とすると、$r_{F_B} + r_{M_B} = 1$であり、方程式は以下のようになる。

$$\frac{df_{\mathrm{A}}}{dt} = -k_{F_{\mathrm{B}}} r_{F_{\mathrm{B}}} f_{\mathrm{B}} + m_{\mathrm{A}} \qquad \frac{dm_{\mathrm{A}}}{dt} = -k_{M_{\mathrm{B}}} r_{M_{\mathrm{B}}} f_{\mathrm{B}}$$

k_{F_B}及びk_{M_B}の合計をなるべく小さくすることがA軍戦力及びA軍工業力の減少を抑える為に望ましい条件であることが分かる。

A軍を自軍とする前提で検討すると、前章で提案した *fa*、および *ma* の減少スピードを決定する方 程式により、*fa*、および ma の減少をおさえるために望ましい条件は、*kfb* 及び *kmb* の合 計をなるべく小さくすることであることが分かる。この「敵の」効果係数を下げる効果的なアプローチとしては、以下のことがあ げられる。

同様にA軍を自軍とする前提で検討すると、前章で提案した *fb,* 及び mb の減少スピードを決定する方程式 により *fb*、および *mb* の減少を最大化するために望 ましい条件は、*kfa* 及び *kma* の合計をできる限り大きくすることであることが分かる。この「味方」の効果係数を上げる効果的な アプローチとしては、以下のことがあげられる。

・柔目標（弱い、防御の手薄な目標）を攻撃する。
・輸送中、移動中で展開前の目標を狙う。
　→攻撃隊発艦前の空母は格好の柔目標
　→他にも兵力を輸送途中の輸送船、列車、トラックなど柔目標の例は枚挙にいとまがない。
・味方の兵力の稼働率を上げる。

B軍の戦力をf_{B},B軍工業力をm_{B}, B軍戦力の破壊に稼働する効果係数を$k_{\mathrm{F_A}}$,分割率を$r_{\mathrm{F_A}}$,A軍工業力の破壊に稼働する効果係数を$k_{\mathrm{M_A}}$,分割率を$r_{\mathrm{M_A}}$とすると,
$k_{F_A} \geq 0, k_{M_A} \geq 0, r_{F_A} + r_{M_A} = 1$であり、

$$\frac{df_B}{dt} = -k_{F_A} r_{F_A} f_A + m_b \quad \frac{dm_B}{dt} = -k_{M_A} r_{M_A} f_A$$

k_{F_A}及びk_{M_A}の合計を大きくすることがB軍戦力及びB軍工業力の減少を最大化する為に望ましい条件であることが分かる。

以上のことを踏まえて、第２次世界大戦で活躍した一式陸攻の活用法について提案すると、以下のような提案をすることができる。要約すると、味方の長所を活かし、短所を相手に露呈しにくい用途に転用することが最も望ましい活用法と言える。

Case Study

一式陸攻は被弾に対して弱いが、長大な航続距離と大きな爆弾搭載量、長い滞空時間を活かせば有効な対潜哨戒機になったはずである。

この場合、一式陸攻にとって米潜水艦は柔目標であり、米潜水艦は有効な対空火器を持っていない。

つまり、日本側が一式陸攻を水上艦艇のような強力な対空火器に守られた硬目標に投入すると、米側から見たとき一式陸攻が柔目標になり、日本側の効果係数は大きく低下、米側のそれは大きくなる。

しかし、日本側がそれを対潜哨戒に投入すると、日本側の効果係数が大きくなり、米側の効果係数が減少する。

→それが、兵力の正しい使い方である。

2．戦略攻撃のメリット

やはり、第一選択は敵戦力への攻撃であるが、以下に挙げるような場合、戦略攻撃を行うメリットが生じる。

ｉ）敵戦力への攻撃では、思うように効果係数が上がらない場合。（敵が硬目標である）
ⅱ）敵戦力への攻撃の際の露出で、敵の効果係数が上がってしまう場合。（敵が強力な攻撃力を持っている）
ⅲ）敵の戦力が枯渇し、敵戦力の攻撃目標が有効数存在しない。

以上の場合、戦略攻撃を選択することが望ましく、その際、攻撃は、下図のように原産地から主戦場までのどこで行ってもよく、効果が最大となり、味方の被害が少ないところで集中的に行い、ボトルネックを作ればよい。要は敵の弱点を集中的に攻め立てることである。

☆やはり第一選択は敵戦力への攻撃であるが、これが思うように味方の効果係数が上がらないか、攻撃による露出で、敵の効果係数が上がってしまう場合、戦略攻撃を行うメリットが生じる。
☆一般で言われているほどの効果は戦略攻撃にはなく、むしろ、柔目標を攻撃することで味方の被害を減らし、敵の工業力に一定の打撃を与えるためである。
☆戦略攻撃が効果を上げるメカニズムは一般化できる。

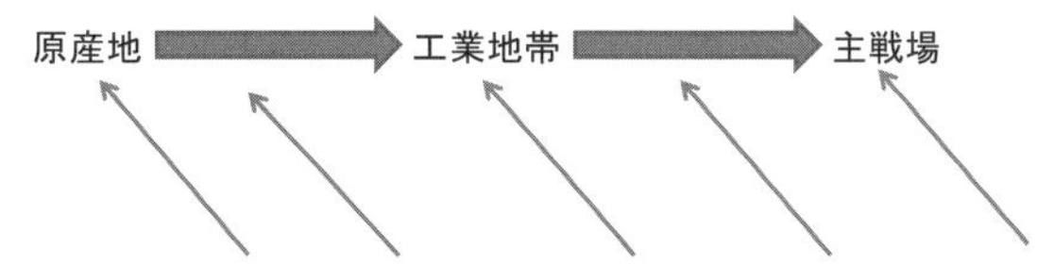

攻撃はどの段階で行なってもよく、目標の選択は自由である。つまり、味方の効果係数が最も大きくなり、敵の効果係数が最も小さくなるポイントで攻撃してボトルネックを作ればよい。

図 5.1　戦略攻撃のメカニズム

3．戦争のコンピュータシミュレーション

我々がひとたび戦争という物理現象を表す数式を提起した場合、これを如何にしてコンピュータシミュレーションに移行するかという課題が生まれることになる。その際に考えなければならないことは、2点である。一つは、計算自体をコンピュータが得意とする代入形式のものに変

換すること。もう一つは､広域空間をシミュレーションするにあたって、問題となる直接相互作用を与えることのない、遠隔地の戦力、工業力の相互作用をいかにして取り除くかである。

図 5.2　戦争の基本方程式による戦争シミュレーション

戦争の基本方程式は、単なるマクロ的な関数の関係を記述したものではない！

$$\frac{df_A}{dt} = -k_{F_B} r_{F_B} f_B + m_A \qquad \frac{dm_A}{dt} = -k_{M_B} r_{M_B} f_B$$

$$\frac{df_B}{dt} = -k_{F_A} r_{F_A} f_A + m_B \qquad \frac{dm_B}{dt} = -k_{M_A} r_{M_A} f_{\mathrm{A}}$$

戦争の基本方程式

この方程式は、互いに影響を与え合うことができる微小空間中で、敵味方の、戦力、工業力がどのように振舞うかを記述したものである！

空間を構成する各々の微小空間中の振る舞いを、それぞれ、これらの式を反映して、計算すれば、あらゆる戦争を科学的にシミュレーションして分析することが可能となる！

まず、一つ目の課題、計算自体をコンピュータが得意とする代入形式のものに変換することを考える。そのためには、微分方程式の微分が微小増分の比であることに注目し､微分方程式を差分方程式に変換する。この変換によって、それぞれの微分方程式は、四則演算を用いて、Δt 後の時間の値を計算することができる差分方程式に変換される。この形式に変換することによって、ある時間の値をベースにΔt後の時間の値を計算し、代入する形式になるため、コンピュータが最も得意とする代入計算の形に微分方程式を変換して、処理することができる。

$$\frac{df_A}{dt} = -k_{F_B} r_{F_B} f_B + m_A \qquad \frac{dm_A}{dt} = -k_{M_B} r_{M_B} f_B$$

$$\frac{df_B}{dt} = -k_{F_A} r_{F_A} f_A + m_B \qquad \frac{dm_B}{dt} = -k_{M_A} r_{M_A} f_A$$

基本方程式

$$\frac{\Delta f_A}{\Delta t} = -k_{F_B} r_{F_B} f_B + m_A$$

$$\frac{f_A(t+\Delta t) - f_A(t)}{(t+\Delta t) - t} = -k_{F_B} r_{F_B} f_B(t) + m_A(t)$$

差分方程式

$$f_A(t+\Delta t) = f_A(t) + \Delta t\left(-k_{F_B} r_{F_B} f_B(t) + m_A(t)\right)$$

時間 t の時の関数値を使って、
時間 $t+\Delta t$ の時の関数値を
求めるように式を整理！

図 5.3　戦争の基本方程式による戦争シミュレーション（変換）

この処理を 4 つの微分方程式にそれぞれ適用すると以下の差分方程式を得ることができる。

$$f_A(t+\Delta t) = f_A(t) + \Delta t\left(-k_{F_B} r_{F_B} f_B(t) + m_A(t)\right)$$

$$m_A(t+\Delta t) = m_A(t) + \Delta t\left(-k_{M_B} r_{M_B} f_B(t)\right)$$

$$f_B(t+\Delta t) = f_B(t) + \Delta t\left(-k_{F_A} r_{F_A} f_A(t) + m_B(t)\right)$$

$$m_B(t+\Delta t) = m_B(t) + \Delta t\left(-k_{M_A} r_{M_A} f_A(t)\right)$$

時間 $t+\Delta t$ の時の状態が求められる。 ← 時間 t の時の状態を使って

コンピュータの世界の演算の等号は代入なので、

演算手続きの結果を代入することを繰り返すことで、

次々、関数値が求められるようにすれば、

直ちにコンピュータ上でのシミュレートが可能。

Δt を小さくすれば、シミュレーションの精度は、向上するが計算量が増加し、この二つの間にはトレードオフが存在する。

図 5.4　戦争の基本方程式による戦争シミュレーション（差分方程式）

ここで、二つ目の問題を解決するため、空間格子分割法を導入する。空間格子分割法は、コンピュータシミュレーションの一つの方法で、広域空間を格子状に分割し、格子内の相互作用を数式で記述し、格子同士のやり取りの記述と合わせることで、広域空間における物理現象のシミュレーションをする方法である。

空間格子分割法導入の理由としては、

- 遠隔地の空間格子内の戦力、工業力は、直接的に影響を与え合うことはない。
- 隣り合う空間格子同士は、戦力の移動によって、間接的に、影響を与え合う。
- 同一空間格子内の戦力、工業力は、直接的に、基本方程式に基づき影響を与え合う。

があげられる。つまり、直接影響を与えることのない、遠隔地の空間格子内の戦力、工業力の直接的相互作用をシミュレーションから除去するためにこの方法を用いるのである。

空間格子分割法を導入するにあたっては､以下のことを踏まえて行う。

1. 各微小空間は、それぞれ、空間内に時間配列、A 国戦力、A 国工業力、A 国戦力分割比、A 国効果係数（戦術、戦略）、B 国戦力、B 国工業力、B 国戦力分割比、B 国効果係数（戦術、戦略）を持つ。
2. 微小空間中の工業力は、両国とも他の微小空間に移動することはできない。
3. 微小空間中の戦力は、両国とも隣の微小空間に*Δ batstep* の時間をかけて移動することができる。
4. 戦力の移動は、*Δ batchstep* ごとの timeindex で作られた時間配列 c 及び l に格納される。

尚、ここで、*Δ batchstep* は、一つ戦闘、一つの移動にかかる時間であり、システムは、このバッチステップごとに移動や攻撃目標（分割比、効果係数）の指示を与えることができる。

バッチステップは、人間が指示を与えることができる時間単位と考えて差し支えない。

図 5.5　空間格子分割法導入の手順

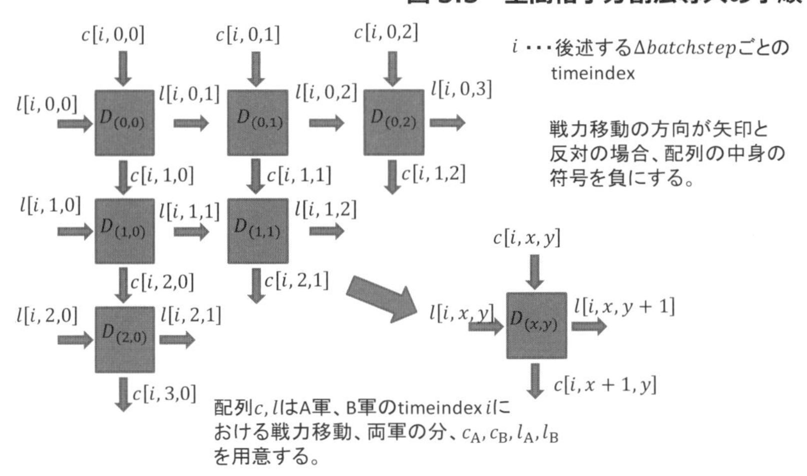

i・・・後述する$\Delta batchstep$ごとの
timeindex

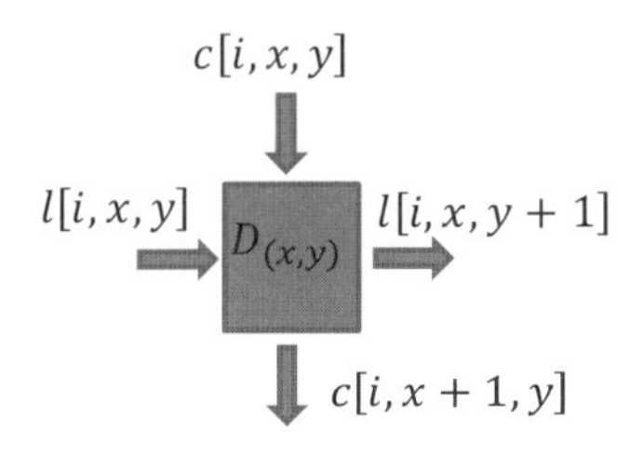

$D_{(x,y)}$ ごとに持つ配列、変数

j・・・後述するΔt ごとの
timeindex

$f_{\mathrm{A}}[j,x,y], f_{\mathrm{B}}[j,x,y],$
$m_{\mathrm{A}}[j,x,y], m_{\mathrm{B}}[j,x,y],$
$k_{\mathrm{F_B}}[i,x,y], r_{\mathrm{F_B}}[i,x,y],$
$k_{\mathrm{M_B}}[i,x,y], r_{\mathrm{M_B}}[i,x,y],$
$k_{\mathrm{F_A}}[i,x,y], r_{\mathrm{F_A}}[i,x,y],$
$k_{\mathrm{M_A}}[i,x,y], r_{\mathrm{M_A}}[i,x,y]$

さらに、もう一つの時間刻みがこの計算機シミュレーションシステムには存在する。それは、*Δ t* である。*Δ t* は、差分方程式を計算する際にシステムが動かす時間刻みである。従ってこれは、微分方程式の時間に対応する数値解を出す際の精度に直結する。よって*Δ t* は、人間がシステムに指示を与える時間刻み（*Δ batchstep*）より、非常に細かく設定する必要がある。従って、下図のように、*Δ t* が n 個集まって初めて *Δ batchstep* になる。（つまり、*Δ batchstep* は、*Δ t* より非常に大きい。）

時間の刻み幅Δtは、計算機パワーと時間の許す限り小さくとることが望ましい。

従って、一回の戦闘と移動のセットが消費する時間を表す値は、$\Delta batchstep$として別に設ける。

$$\Delta batchstep = n \times \Delta t$$

であり、
nは正の整数である。
また、次頁に掲載する疑似コードにおいて、
正の整数mは、シミュレーションの終了時刻Tと

$$T = m \times \Delta batchstep$$

の関係があるものとする。

図 5.6　時間の処理の仕方

シミュレーションプログラムのC言語に基づく疑似コードを**図 5.7**に示す。一番外側のループは*Δ batchstep*を1ずつ進めるループである。その中に、全ての微小領域についてそれぞれ計算するためのループがある。そしてその中に、特定の微小領域について、*Δ batchstep*の間の時間進行での、変化の進行をシミュレーションするためのループがある。

```
initialize;
for(i = 0; i < m; i ++){

  //前処理1

  for(x = 0; x ≤ X_max; x ++){        /* xとyのループは入れ替え可能*/
    for(y = 0; y ≤ Y_max; y ++){

          //前処理2

      for(j = i * n; j < (i + 1) * n; j ++){
      領域D_(x,y) について、j × Δtの状態から、(j + 1) × Δtの状態を求める。;
      }

    }
  }
}
outputs;

/*CPUの処理の高速化のためには、パイプライン処理において分岐予想のヒット率を
上げる、キャッシュのヒット率を上げるなどのさまざまな手法があるが、この例では、
読者へのわかりやすさを最優先して、それらを考慮していない。*/
```

図 5.7　疑似コード

一番上の前処理 1 は、戦力移動の際に、どこかの戦力がマイナスにならないための条件式であり、これを満たすように戦力移動配列を決めてやる必要がある。従って、その値を決めるための前処理である。

i $\Delta batchstep$

$\Delta batchstep = n \times \Delta t$ Timeindex $_i$ ごとの前処理

$$f_{\mathrm{A}}[i * n, x, y] + l_{\mathrm{A}}[i, x, y] + c_{\mathrm{A}}[i, x, y] - l_{\mathrm{A}}[i, x, y+1] - c_{\mathrm{A}}[i, x+1, y] \geq 0$$

$$f_{\mathrm{B}}[i * n, x, y] + l_{\mathrm{B}}[i, x, y] + c_{\mathrm{B}}[i, x, y] - l_{\mathrm{B}}[i, x, y+1] - c_{\mathrm{B}}[i, x+1, y] \geq 0$$

をそれぞれ、満たすように、$l_{\mathrm{A}}[i,x,y], c_{\mathrm{A}}[i,x,y], l_{\mathrm{A}}[i,x,y+1], c_{\mathrm{A}}[i,x+1,y]$, $l_{\mathrm{B}}[i,x,y], c_{\mathrm{B}}[i,x,y], l_{\mathrm{B}}[i,x,y+1], c_{\mathrm{B}}[i,x+1,y]$ を決定する。

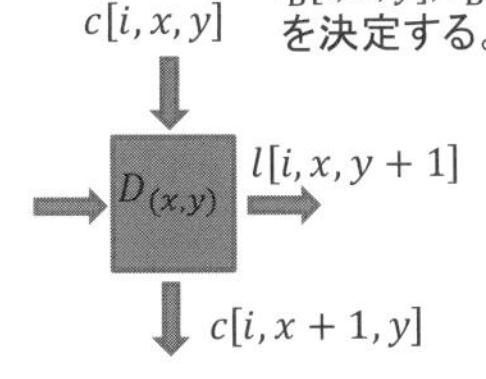

同一 i の全ての $l_{\mathrm{A}}[i,x,y], c_{\mathrm{A}}[i,x,y], l_{\mathrm{B}}[i,x,y], c_{\mathrm{B}}[i,x,y]$ について、決定するが、その決定の順序は、自由である。優先順位の高い戦力移動から先に決定するのが普通である。

図 5.8　前処理 1

次の前処理 2 は、前処理 1 で決定された、戦力移動配列を実際の戦力移動に反映する操作である。

i・・・$\Delta batchstep$ ごとのtimeindex　　$D_{(x,y)}$ ごとの前処理

$\Delta batchstep = n \times \Delta t$

以下の疑似コードを実行する。戦力移動の実行にあたる。

$$f_{\mathrm{A}}[i * n, x, y] \mathrel{+}= l_{\mathrm{A}}[i, x, y] + c_{\mathrm{A}}[i, x, y] - l_{\mathrm{A}}[i, x, y+1] - c_{\mathrm{A}}[i, x+1, y];$$

$$f_{\mathrm{B}}[i * n, x, y] \mathrel{+}= l_{\mathrm{B}}[i, x, y] + c_{\mathrm{B}}[i, x, y] - l_{\mathrm{B}}[i, x, y+1] - c_{\mathrm{B}}[i, x+1, y];$$

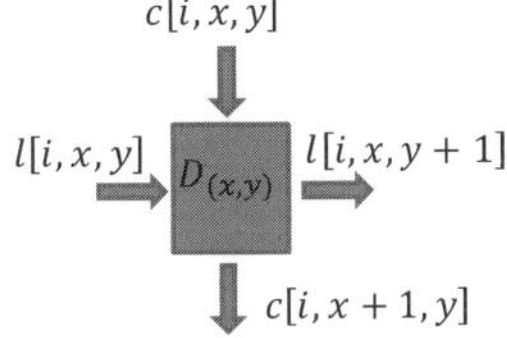

図 5.9　前処理 2

最も中心に位置するループの中には各々の微小領域について、Δt 後の結果を求める差分方程式の代入操作が入る。

領域$D_{(x,y)}$について、$j \times \Delta t$の状態から、
$(j+1) \times \Delta t$の状態を求める。

$$f_{\mathrm{A}}[j+1,x,y] = f_{\mathrm{A}}[j,x,y] + \Delta t\left(-k_{\mathrm{F_B}}[i,x,y] r_{\mathrm{F_B}}[i,x,y] f_{\mathrm{B}}[j,x,y] + m_{\mathrm{A}}[j,x,y]\right);$$

$$m_{\mathrm{A}}[j+1,x,y] = m_{\mathrm{A}}[j,x,y] + \Delta t\left(-k_{\mathrm{M_B}}[i,x,y] r_{\mathrm{M_B}}[i,x,y] f_{\mathrm{B}}[j,x,y]\right);$$

$$f_{\mathrm{B}}[j+1,x,y] = f_{\mathrm{B}}[j,x,y] + \Delta t\left(-k_{\mathrm{F_A}}[i,x,y] r_{\mathrm{F_A}}\ i,x,y] f_{\mathrm{A}}[j,x,y] + m_{\mathrm{B}}[j,x,y]\right);$$

$$m_{\mathrm{B}}[j+1,x,y] = m_{\mathrm{B}}[j,x,y] + \Delta t\left(-k_{\mathrm{M_A}}[i,x,y] r_{\mathrm{M_A}}[i,x,y] f_{\mathrm{A}}[j,x,y]\right);$$

尚、計算結果が負になる場合は、数値0を代入する。
これは、同一領域に減ずることができる敵の要素が存在せず、この
領域に展開した戦力の対応する効果係数がゼロとなったことを意味
する

⇒守勢時兵力分散の効果

図 5.10　代入操作

以上が、空間格子分割法を用いた、戦争のシミュレーションプログラムの概要である。

ここで、数理シミュレーションが示唆する未来について述べる。

戦力移動配列 c,l について、また、戦力分割配列 r、効果係数配列 k の入力方法について、オペレータが入力する形式をとれば、図上演習に近い形となり、士官たちを訓練するための有力な教材になるに違いない。だが、コンピュータを使って一度に大量の演算を行うメリットを享受できないという側面もある。

しかし、根本的にこれを避けるためには、人工知能などの最適化アルゴリズムを導入し、これらの配列を自動入力する方法が有効である。このような解析手法をとることで、より効率の良い、戦力移動と行使のアルゴリズム、即ち、戦略決定、行動指針のための方針を抽出することができる。

このような科学的な手法は、他の分野と同様に、軍事戦略決定の手法を大きく変化させることは言うまでもない。

演習問題

問 1　空間格子を 1 個とした場合の A 軍戦力 2、工業力 0.5、B 軍戦力 1、工業力 1 とした場合の戦闘の経過をΔt=0.25 刻みで t=0.5 まで計算しなさい。尚、双方とも、効果係数を、0.9 敵戦力に振り向け、残りの 0.1 を敵工業力に振り向けるものとする。（解答など次ページ参照）

問 2　一般的に戦力に対して、工業力が小さい値をとる理由について考えなさい。また、その比はどの程度になるか検討してみなさい。

Plot[{fa[t]/.sol,fb[t]/.sol},{t,0,1.19677},PlotRange->All]

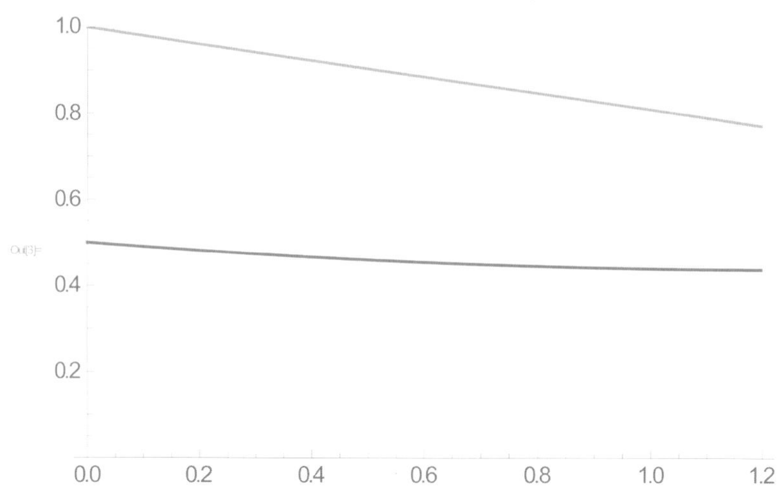

Plot[{ma[t]/.sol,mb[t]/.sol},{t,0,1.19677},PlotRange->{1,0}]

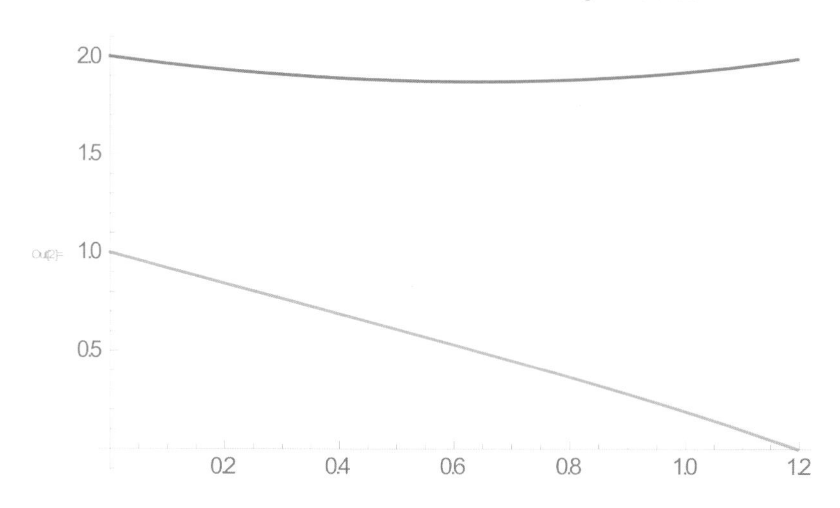

```
In[4]:= {fa[1.19677], fb[1.19677], ma[1.19677], mb[1.19677]} /. sol
Out[4]= {{1.98822, 9.84275*10^-6, 0.437652, 0.771155}}
```

問1：解

	t=0	t=0.25	t=0.5
fa	2	1.775	1.65125
ma	0.5	0.475	0.46125
fb	1	0.55	0.150625
mb	1	0.95	0.905625

第３部　さらなる発展

第３部では、第４章で提案した戦争基本方程式のモデルをさらに発展させて、**開戦後に工業力が増加する現象に対応する方法**を示す。また、数学的に得られた情報をもとに**国家の意思決定、戦略決定を如何にアシストするか**を示す。

さらに、作戦実施の際に、自軍の優劣によって、**作戦結果のバラツキをどのようにコントロールすればよいか**、その指針を与える。

次に戦争のイニシアティブを握るために重要な考え方を示す。

最後に**戦争を未然に防ぐ**ために、軍事力の規模をどのようにコントロールしたらよいか、その理論を示す。

我らが進む道は、険しく

開の地を進んでいるように

思えるかもしれない

だが、子らよ

君たちが進む道は既に示されている

科学を信じよ

第６章　リソース投入関数の導入と微分方程式による国家の意思決定

開戦後の工業力の増加は、一見すると望ましいことではあるが、生産リソースの戦争前投入を怠った結果と言うこともできる。

とはいえ様々な技術革新によって、余剰生産リソースが生み出され、結果工業力が増加することも事実であるから、我々はそれを計算モデルに導入しなければならない。

従って、本章ではその方法を記述する。

我々は、時として、影におびえ
影に敗北する
が、しかし、見方を変えれば、
我々が怯えていた影こそが
敵の弱点であるのである

1．リソース投入関数

リソース投入関数を導入した戦争の基本方程式を以下に示す。リソース投入関数の導入によって、開戦後に工業力が増加する現象を説明できるようになる。リソース投入関数は、地域によって、一意に決まる時間関数であり、前章で述べたコンピュータシミュレーションの際には、微小領域ごとに別々のリソース投入関数が存在すると考えなければならない。従って実際にシミュレーションする際は､時刻と領域を指定する x、y の番号の 3 次元配列で与えられる。敵戦力による、工業力の初期値が 0 で、工業力への戦略攻撃がなければ、開戦時からのリソース投入関数の時間積分値はその時刻の工業力値に一致する。

戦争の基本方程式に、新たに時間関数、リソース投入関数$res_a(t)$、$res_b(t)$を導入する。これは、新規に投入する労働力や機械設備などの工業力のもとになるリソース投入量についての時間関数である。

我々は、リソース投入関数の導入により、戦時における工業力の増加現象を説明することができる。リソース投入関数は独立関数のため、自由な設計が可能である。

$$\frac{df_{\mathrm{A}}}{dt} = -k_{\mathrm{F_B}} r_{\mathrm{F_B}} f_{\mathrm{B}} + m_{\mathrm{A}} \qquad \frac{dm_{\mathrm{A}}}{dt} = -k_{\mathrm{M_B}} r_{\mathrm{M_B}} f_{\mathrm{B}} + res_{\mathrm{A}}(t)$$

$$\frac{df_{\mathrm{B}}}{dt} = -k_{\mathrm{F_A}} r_{\mathrm{F_A}} f_{\mathrm{A}} + m_{\mathrm{B}} \qquad \frac{dm_{\mathrm{B}}}{dt} = -k_{\mathrm{M_A}} r_{\mathrm{M_A}} f_{\mathrm{A}} + res_{\mathrm{B}}(t)$$

リソース投入関数 $res(t)$ は一般的に t=0（戦争開始直後）が一番投入量が大きく、その後、余剰労働力の減少と共に減少する。

リソース投入の仕方が逐次投入になり、後半に増加したりするパターンは、戦争設計を誤った結果である。

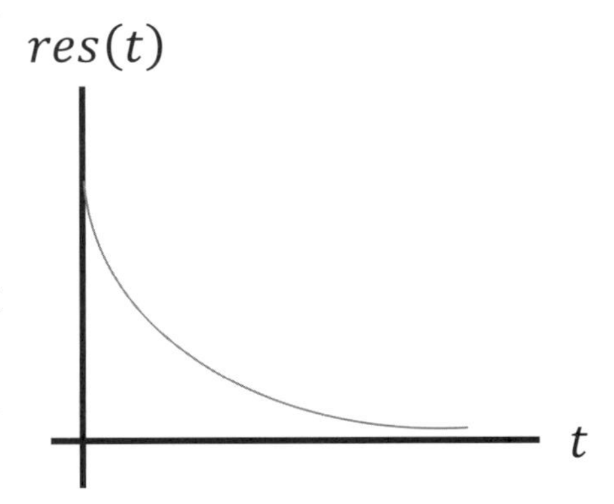

図 6.1　リソース関数の投入

なぜならば、早めに投入されたリソースは早めに工業力となり、時間とともに多くの戦力を生み出し、その戦力がすでに活躍しているはずだからである。第4章で紹介したモデルは、双方が、開戦時にすでに投入できる全生産用リソースを投入済みのモデルということができる。

このため、生産については、双方が理想的戦略をとった場合のモデルといえる。

もし、開戦後、技術革新による余剰労働力の創出なしに工業力が増大したならば、それは開戦前のリソース投入時期を逃したことを意味し、生産計画のミスを示唆する。

以上を反映して、前章のコンピュータシミュレーションの微小領域D(x,y)についての差分方程式を記述しなおすと以下のようになる。工業力の決定に、リソース投入関数を表す3次元配列が加えられていることが分かる。なお、このシステムでは、リソース、工業力の移動は認められない。工業力が移動しないのは自明であるが、一般的にリソース自体もその場で工業力に変換されることが基本であるからである。

領域$D_{(x,y)}$について、$j \times \Delta t$の状態から、
$(j+1) \times \Delta t$の状態を求める。

$$f_{\mathrm{A}}[j+1,x,y] = f_{\mathrm{A}}[j,x,y] + \Delta t\left(-k_{\mathrm{F_B}}[i,x,y] r_{\mathrm{F_B}}[i,x,y] f_{\mathrm{B}}[j,x,y] + m_{\mathrm{A}}[j,x,y]\right);$$

$$m_{\mathrm{A}}[j+1,x,y] = m_{\mathrm{A}}[j,x,y] + \Delta t\left(-k_{\mathrm{M_B}}[i,x,y] r_{\mathrm{M_B}}[i,x,y] f_{\mathrm{B}}[j,x,y] + res_{\mathrm{A}}[j,x,y]\right);$$

$$f_{\mathrm{B}}[j+1,x,y] = f_{\mathrm{B}}[j,x,y] + \Delta t\left(-k_{\mathrm{F_A}}[i,x,y] r_{\mathrm{F_A}}[i,x,y] f_{\mathrm{A}}[j,x,y] + m_{\mathrm{B}}[j,x,y]\right);$$

$$m_{\mathrm{B}}[j+1,x,y] = m_{\mathrm{B}}[j,x,y] + \Delta t\left(-k_{\mathrm{M_A}}[i,x,y] r_{\mathrm{M_A}}[i,x,y] f_{\mathrm{A}}[j,x,y] + res_{\mathrm{B}}[j,x,y]\right);$$

尚、計算結果が負になる場合は、数値0を代入する。
これは、同一領域に減ずることができる敵の要素が存在せず、この
領域に展開した戦力の対応する効果係数が零となったことを意味する
→守勢時兵力分散の効果

2．微分方程式による国家の意思決定

リソース投入関数の導入によって、戦争中に起きる一通りの現象を説明することができるようになったため、このモデルを用いて、国家の意思決定の指標を得ることができる。

その際は、便宜上、微小領域を一つにまとめ、一つの領域中に敵味方すべての戦力、工業力、およびリソース投入関数が存在すると考える。従って、これらは、位置関係の情報を失った、パラメータであるため、位置関係に起因する勝敗の変化があった場合は、この方法では、対応できない。従って、このようにマクロ的に計算し、国家の意思決定の指標にするやり方はあくまでも、便宜的なものであり、その限界はしっかりと認識しなければならない。あくまでも、位置関係の情報も加えた、より正確なシミュレーション結果を得るためには、空間格子分割法を用いたコンピュータシミュレーションを行わなければならないことは明らかである。

i）開戦の躊躇

A軍がB軍戦力を全滅させた場合、B軍に最終的に勝利を確実にできるかどうかは以下の判定式を満たすだけのA軍残存兵力があるかどうかによる。この二つの条件を満たすことが確定し、オペレーションが的確ならば、勝利は確定する。開戦前には、仮に相手戦力を撃滅したとして、この条件を満たすことができるかどうか検討すべきである。相手戦力を撃滅したとしても、この条件を満たすことができないなら、戦端を開くべきではないことは明らかである。これを**開戦の躊躇判定**と名付け、使うことができる。

のちに与えられる戦争忌避判定との違いは、戦争忌避判定は、「敗戦の確定」であるため即時の終戦処理、戦争の忌避が必要となるが、この場合は「開戦を躊躇し、条件をさらに精査する必要がある」ということであり、即座に敗戦の確定とはならない点である。しかし、この条件式の意味を考えれば、勝利判定を得ることができないなら、敵の強力な工業力によって、味方残存戦力が押し戻される危険を示しており、この勝利判定式が同時に表す「開戦を躊躇すべき条件」は開戦に黄色信号が灯っていることを示している。

A軍がB軍戦力を全滅させた場合、B軍に最終的に勝利を確実にできるかどうかは以下の判定式を満たすだけのA軍残存兵力があるかどうかによる。B軍全滅時の時刻をt_{F}とすると、

条件① 相手国の即時戦力補充能力を上回る戦力の貼り付け

$$-k_{\mathrm{F_A}} r_{\mathrm{F_A}} f_{\mathrm{A}}(t_{\mathrm{F}}) + m_{\mathrm{B}}(t_{\mathrm{F}}) \leq 0$$

条件② 相手国がイノベーションなどによって、新たに張り付けるリソース投入量を上回る工業力の破壊（リソース投入量についてはt_{F}から終戦までの最大値で計算）

$$-k_{\mathrm{M_A}} r_{\mathrm{M_A}} f_{\mathrm{A}}(t_{\mathrm{F}}) + res_{\mathrm{BMAX}} < 0$$

この二つの条件を満たすことが確定し、オペレーションが的確ならば、勝利は確定する。開戦前には、仮に相手戦力を撃滅したとして、この条件を満たすことができるかどうか検討すべきである。相手戦力を撃滅したとしても、この条件を満たすことができないなら、戦端を開くべきではないことは明らかである。

図 6.2　終端段階における勝利判定式

ii ）戦争の忌避判定

A 軍が工業力戦力共に減少傾向の中、B 軍の即時戦力補充能力を上回る戦力の貼り付けができず、リソース投入量を超える兵力も貼り付けられない場合、B 軍は戦力、B 軍工業力ともに増加する。この場合、A 軍が勝利を得ることは極めて困難である。従って、下図の条件を満たす場合、いかなる理由、経緯があろうとも、その瞬間から、A 国は戦争を忌避（終結）すべきである。理由は、合理的に勝利を見積もることが不可能となり、いたずらに兵や民の命を失うことになるからである。

敗戦で得るものは教訓しかない。そのようなもののために多大な犠牲を払うべきではないことを、指導者はその肝に銘ずるべきである。

A軍が工業力戦力共に減少傾向の中、B軍の即時戦力補充能力を上回る戦力の貼り付けができず、リソース投入量を超える兵力も張り付けられない場合、B軍戦力、B軍工業力ともに増加する。この場合、A軍が勝利を得ることは極めて困難である。即ち、時刻tにおいて

$$-k_{\mathrm{F_B}} r_{\mathrm{F_B}} f_{\mathrm{B}}(t) + m_{\mathrm{A}}(t) < 0$$

$$-k_{\mathrm{M_B}} r_{\mathrm{M_B}} f_{\mathrm{B}}(t) + res_{\mathrm{AMAX}} < 0$$

終戦までの最大値

$$-k_{\mathrm{F_A}} r_{\mathrm{F_A}} f_{\mathrm{A}}(t) + m_{\mathrm{B}}(t) > 0$$

$$-k_{\mathrm{M_A}} r_{\mathrm{M_A}} f_{\mathrm{A}}(t) + res_{\mathrm{BMIN}} > 0$$

終戦までの最小値

である場合、いかなる理由、経緯があろうともその瞬間から、A国は戦争を忌避（終結）すべきである。

図 6.3　戦争忌避判定

iii）開戦時期の検討

開戦前（時刻）の試算において、即時開戦した場合に、相手の工業力及び、戦力を減少傾向に追い込み、味方の工業力及び、戦力を増加傾向に持ち込むことができる現状であっても、その微分係数が、それぞれ、正、負になる場合、少なくとも科学的には、即時開戦を検討すべきと思われる。それは、現状、戦力行使による相互作用が機能しないと事態が刻々と悪化していることを意味するからである。
(次の図で最後の条件がカッコつきの理由は後で説明する）

$$
\begin{array}{ll}
-k_{F_B} r_{F_B} f_B(t_0) + m_A(t_0) > 0 & -k_{F_B} r_{F_B} f'_B(t_0) + m'_A(t_0) < 0 \\
-k_{M_B} r_{M_B} f_B(t_0) + res_A(t_0) > 0 & -k_{M_B} r_{M_B} f'_B(t_0) + res'_A(t_0) < 0 \\
-k_{F_A} r_{F_A} f_A(t_0) + m_B(t_0) < 0 & -k_{F_A} r_{F_A} f'_A(t_0) + m'_B(t_0) > 0 \\
-k_{M_A} r_{M_A} f_A(t_0) + res_B(t_0) < 0 & (-k_{M_A} r_{M_A} f'_A(t_0) + res'_B(t_0) > 0)
\end{array}
$$

図 6.4　開戦時期の解析

開戦前と開戦後では、微分方程式は以下のように変化する。つまり、開戦前は軍拡による工業力、戦力の積み上げだけが作用するが、開戦後は敵味方の戦力行使による相互作用（敵味方の戦力、工業力の減少作用）が働き始めるからである。

図 6.5　開戦前と開戦後の関数の比較

$$\frac{df_A}{dt} = m_A \quad \frac{dm_A}{dt} = res_A(t)$$

$$\frac{df_B}{dt} = m_B \quad \frac{dm_B}{dt} = res_B(t)$$

$$
\begin{array}{c}
-k_{F_B} r_{F_B} f'_B(t_0) + m'_A(t_0) < 0 \\
-k_{M_B} r_{M_B} f'_B(t_0) + res'_A(t_0) < 0 \\
-k_{F_A} r_{F_A} f'_A(t_0) + m'_B(t_0) > 0 \\
(-k_{M_A} r_{M_A} f'_A(t_0) + res'_B(t_0) > 0)
\end{array}
$$

$$
\begin{array}{c}
-k_{F_B} r_{F_B} m_B(t_0) + res_A(t_0) < 0 \\
-k_{M_B} r_{M_B} m_B(t_0) + res'_A(t_0) < 0 \\
-k_{F_A} r_{F_A} m_A(t_0) + res_B(t_0) > 0 \\
(-k_{M_A} r_{M_A} m_A(t_0) + res'_B(t_0) > 0)
\end{array}
$$

開戦前の条件は関数の形を反映し
こう変わる。

開戦により
適切な
オペレーション

$$\frac{df_A}{dt} = -k_{F_B} r_{F_B} f_B + m_A \quad \frac{dm_A}{dt} = -k_{M_B} r_{M_B} f_B + res_A(t)$$

$$\frac{df_B}{dt} = -k_{F_A} r_{F_A} f_A + m_B \quad \frac{dm_B}{dt} = -k_{M_A} r_{M_A} f_A + res_B(t)$$

A軍が開戦により、有利になる条件は、開戦後の微分方程式から以下のように与えられる。**図 6.6** 中の下線部は、開戦前の条件式と開戦後の条件式で同一の部分である。

$$-k_{\mathrm{F_B}} r_{\mathrm{F_B}} f'_{\mathrm{B}}(t_0) + m'_{\mathrm{A}}(t_0) \geq 0 \cdots ①$$
$$-k_{\mathrm{M_B}} r_{\mathrm{M_B}} f'_{\mathrm{B}}(t_0) + res'_{\mathrm{A}}(t_0) \geq 0 \cdots ②$$
$$-k_{\mathrm{F_A}} r_{\mathrm{F_A}} f'_{\mathrm{A}}(t_0) + m'_{\mathrm{B}}(t_0) \leq 0 \cdots ③$$
$$-k_{\mathrm{M_A}} r_{\mathrm{M_A}} f'_{\mathrm{A}}(t_0) + res'_{\mathrm{B}}(t_0) \leq 0 \cdots ④$$

赤線部は、開戦前の条件式と同じ部分

①

$$-k_{\mathrm{F_B}} r_{\mathrm{F_B}} f'_{\mathrm{B}}(t_0) + m'_{\mathrm{A}}(t_0)$$
$$= -k_{\mathrm{F_B}} r_{\mathrm{F_B}} \left(-k_{\mathrm{F_A}} r_{\mathrm{F_A}} f_{\mathrm{A}}(t_0) + m_{\mathrm{B}}(t_0)\right) + \left(-k_{\mathrm{M_B}} r_{\mathrm{M_B}} f_{\mathrm{B}}(t_0) + res_{\mathrm{A}}(t_0)\right)$$
$$= k_{\mathrm{F_B}} r_{\mathrm{F_B}} k_{\mathrm{F_A}} r_{\mathrm{F_A}} f_{\mathrm{A}}(t_0) \underline{- k_{\mathrm{F_B}} r_{\mathrm{F_B}} m_{\mathrm{B}}(t_0)} - k_{\mathrm{M_B}} r_{\mathrm{M_B}} f_{\mathrm{B}}(t_0) \underline{+ res_{\mathrm{A}}(t_0)} \geq 0$$

②

$$-k_{\mathrm{M_B}} r_{\mathrm{M_B}} f'_{\mathrm{B}}(t_0) + res'_{\mathrm{A}}(t_0)$$
$$= -k_{\mathrm{M_B}} r_{\mathrm{M_B}} \left(-k_{\mathrm{F_A}} r_{\mathrm{F_A}} f_{\mathrm{A}}(t_0) + m_{\mathrm{B}}(t_0)\right) + res'_{\mathrm{A}}(t_0)$$
$$= k_{\mathrm{M_B}} r_{\mathrm{M_B}} k_{\mathrm{F_A}} r_{\mathrm{F_A}} f_{\mathrm{A}}(t_0) \underline{- k_{\mathrm{M_B}} r_{\mathrm{M_B}} m_{\mathrm{B}}(t_0) + res'_{\mathrm{A}}(t_0)} \geq 0$$

③

$$-k_{\mathrm{F_A}} r_{\mathrm{F_A}} f'_{\mathrm{A}}(t_0) + m'_{\mathrm{B}}(t_0)$$
$$= -k_{\mathrm{F_A}} r_{\mathrm{F_A}} \left(-k_{\mathrm{F_B}} r_{\mathrm{F_B}} f_{\mathrm{B}}(t_0) + m_{\mathrm{A}}(t_0)\right) - k_{\mathrm{M_A}} r_{\mathrm{M_A}} f_{\mathrm{A}}(t_0) + res_{\mathrm{B}}(t_0)$$
$$= k_{\mathrm{F_A}} r_{\mathrm{F_A}} k_{\mathrm{F_B}} r_{\mathrm{F_B}} f_{\mathrm{B}}(t_0) - \underline{k_{\mathrm{F_A}} r_{\mathrm{F_A}} m_{\mathrm{A}}(t_0)} - k_{\mathrm{M_A}} r_{\mathrm{M_A}} f_{\mathrm{A}}(t_0) \underline{+ res_{\mathrm{B}}(t_0)} \leq 0$$

④

$$-k_{\mathrm{M_A}} r_{\mathrm{M_A}} f'_{\mathrm{A}}(t_0) + res'_{\mathrm{B}}(t_0)$$
$$= -k_{\mathrm{M_A}} r_{\mathrm{M_A}} \left(-k_{\mathrm{F_B}} r_{\mathrm{F_B}} f_{\mathrm{B}}(t_0) + m_{\mathrm{A}}(t_0)\right) + res'_{\mathrm{B}}(t_0)$$
$$= k_{\mathrm{M_A}} r_{\mathrm{M_A}} k_{\mathrm{F_B}} r_{\mathrm{F_B}} f_{\mathrm{B}}(t_0) \underline{- k_{\mathrm{M_A}} r_{\mathrm{M_A}} m_{\mathrm{A}}(t_0) + res'_{\mathrm{B}}(t_0)} \leq 0$$

開戦前の条件の最後のカッコつきのものは、与えてしまうと、④を満たさなくなることは明らかである。今、求める条件は開戦前は不利に見えても開戦後有利になる条件なので、カッコの部分の条件は不要となる。

図 6.6　開戦により状況が有利になる条件

図 6.6 から開戦を検討すべき条件は以下で与えられる。

なお、これはあくまでもマクロ的な指標であって、実際に開戦を決意するためには、厳密なコンピュータシミュレーションや相手国の意思の確認など、多くの事柄を慎重に検討しなければならないことは言うまでもない。

①開戦した場合、相手の工業力、戦力を抑え込み、味方のそれを伸ばすことができること。

$$-k_{\mathrm{F_B}}r_{\mathrm{F_B}}f_{\mathrm{B}}(t_0)+m_{\mathrm{A}}(t_0)>0$$
$$-k_{\mathrm{M_B}}r_{\mathrm{M_B}}f_{\mathrm{B}}(t_0)+res_{\mathrm{A}}(t_0)>0$$
$$-k_{\mathrm{F_A}}r_{\mathrm{F_A}}f_{\mathrm{A}}(t_0)+m_{\mathrm{B}}(t_0)<0$$
$$-k_{\mathrm{M_A}}r_{\mathrm{M_A}}f_{\mathrm{A}}(t_0)+res_{\mathrm{B}}(t_0)<0$$

②開戦前の現状では、一次微分が悪化していること。

$$-k_{\mathrm{F_B}}r_{\mathrm{F_B}}m_{\mathrm{B}}(t_0)+res_{\mathrm{A}}(t_0)<0$$
$$-k_{\mathrm{M_B}}r_{\mathrm{M_B}}m_{\mathrm{B}}(t_0)+res'_{\mathrm{A}}(t_0)<0$$
$$-k_{\mathrm{F_A}}r_{\mathrm{F_A}}m_{\mathrm{A}}(t_0)+res_{\mathrm{B}}(t_0)>0$$

③開戦後、その一次微分が改善すること。

$$k_{\mathrm{F_B}}r_{\mathrm{F_B}}k_{\mathrm{F_A}}r_{\mathrm{F_A}}f_{\mathrm{A}}(t_0)-k_{\mathrm{F_B}}r_{\mathrm{F_B}}m_{\mathrm{B}}(t_0)-k_{\mathrm{M_B}}r_{\mathrm{M_B}}f_{\mathrm{B}}(t_0)+res_{\mathrm{A}}(t_0)\geq 0$$
$$k_{\mathrm{M_B}}r_{\mathrm{M_B}}k_{\mathrm{F_A}}r_{\mathrm{F_A}}f_{\mathrm{A}}(t_0)-k_{\mathrm{M_B}}r_{\mathrm{M_B}}m_{\mathrm{B}}(t_0)+res'_{\mathrm{A}}(t_0)\geq 0$$
$$k_{\mathrm{F_A}}r_{\mathrm{F_A}}k_{\mathrm{F_B}}r_{\mathrm{F_B}}f_{\mathrm{B}}(t_0)-k_{\mathrm{F_A}}r_{\mathrm{F_A}}m_{\mathrm{A}}(t_0)-k_{\mathrm{M_A}}r_{\mathrm{M_A}}f_{\mathrm{A}}(t_0)+res_{\mathrm{B}}(t_0)\leq 0$$
$$k_{\mathrm{M_A}}r_{\mathrm{M_A}}k_{\mathrm{F_B}}r_{\mathrm{F_B}}f_{\mathrm{B}}(t_0)-k_{\mathrm{M_A}}r_{\mathrm{M_A}}m_{\mathrm{A}}(t_0)+res'_{\mathrm{B}}(t_0)\leq 0$$

図 6.7　開戦を検討すべき条件

④ $t_0\leq t$ となる終戦までの全区間のtについて以下の不等式が満たされること。

$$k_{\mathrm{F_B}}r_{\mathrm{F_B}}k_{\mathrm{F_A}}r_{\mathrm{F_A}}f_{\mathrm{A}}(t)-k_{\mathrm{F_B}}r_{\mathrm{F_B}}m_{\mathrm{B}}(t)-k_{\mathrm{M_B}}r_{\mathrm{M_B}}f_{\mathrm{B}}(t)+res_{\mathrm{A}}(t)\geq 0$$
$$k_{\mathrm{M_B}}r_{\mathrm{M_B}}k_{\mathrm{F_A}}r_{\mathrm{F_A}}f_{\mathrm{A}}(t)-k_{\mathrm{M_B}}r_{\mathrm{M_B}}m_{\mathrm{B}}(t)+res'_{\mathrm{A}}(t)\geq 0$$
$$k_{\mathrm{F_A}}r_{\mathrm{F_A}}k_{\mathrm{F_B}}r_{\mathrm{F_B}}f_{\mathrm{B}}(t)-k_{\mathrm{F_A}}r_{\mathrm{F_A}}m_{\mathrm{A}}(t)-k_{\mathrm{M_A}}r_{\mathrm{M_A}}f_{\mathrm{A}}(t)+res_{\mathrm{B}}(t)\leq 0$$
$$k_{\mathrm{M_A}}r_{\mathrm{M_A}}k_{\mathrm{F_B}}r_{\mathrm{F_B}}f_{\mathrm{B}}(t)-k_{\mathrm{M_A}}r_{\mathrm{M_A}}m_{\mathrm{A}}(t)+res'_{\mathrm{B}}(t)\leq 0$$

B軍から見たA軍に開戦されないための条件

$$k_{F_B}r_{F_B}k_{F_A}r_{F_A}f_A(t_0)-k_{M_B}r_{M_B}f_B(t_0)\leq 0$$
$$k_{F_A}r_{F_A}k_{F_B}r_{F_B}f_B(t_0)-k_{M_A}r_{M_A}f_A(t_0)\geq 0$$

つまり、開戦により、A軍にメリットが生じないことが条件なので、

A軍の交差（相手方の戦術パラメータもかかるため）戦術打撃力$k_{F_B}r_{F_B}k_{F_A}r_{F_A}f_A(t_0)$がB軍の戦略打撃力$k_{M_B}r_{M_B}f_B(t_0)$を下回ることと、A軍の戦略打撃力$k_{M_A}r_{M_A}f_A(t_0)$が、B軍の交差戦術打撃力$k_{F_A}r_{F_A}k_{F_B}r_{F_B}f_B(t_0)$を下回ることが必要。

B軍が戦力において、A軍に劣らないことが、つまり、A軍による開戦を思いとどまらせる道である。→抑止。 抑止には、明確に数理学的真理がある。

図 6.8　戦勝を約束する追加条件

ここで、B 軍からみた A 軍に開戦されないための条件が導出され、

それは、

(A 軍の交差戦術打撃力) − (B 軍の戦略打撃力) ≤ 0
(B 軍の交差戦術打撃力) − (A 軍の戦略打撃力) ≥ 0

となる。

つまり、A 軍の戦術打撃力が B 軍の戦術打撃力に打撃を与えて、B 軍の戦術打撃力が減少して、そのことが、A 軍の戦力を上向かせる量が B 軍の戦略打撃力による A 軍戦力を下向かせる量を下回り、B 軍の戦術打撃力が A 軍の戦術打撃力に打撃を与え、A 軍の戦術打撃力が減少し、そのことが B 軍の戦力を上向かせる量が A 軍の戦略打撃力による B 軍戦力を下向かせる量を上回ることが条件である。

この場合、開戦による A 軍のメリットは失われている。これを、即ち開戦の抑止という。

抑止理論に基づく戦争の緊急回避

自軍の戦力と敵軍の戦力について、以下の関係が成り立つとき、

(敵軍の交差戦術打撃力) − (自軍の戦略打撃力)>0
(自軍の交差戦術打撃力) − (敵軍の戦略打撃力)<0

敵軍に対する抑止は効いていない。これは、敗戦を約束するものではないが、このとき、敵軍には、明確に開戦するメリット（開戦しないデメリット）が生じている。

従って、このとき、自軍は、相応の対価を払うことによって、敵軍の開戦意思を削ぐことが重要である。

つまり、この理論を双方が用いることによって、抑止が効かない側が冷静に一時的対価を払うことによって、戦争を阻止することを可能とすることが本書の目的のうち一つである。つまり、この理論を双方が理解

することによって、航空機の TCAS（空中衝突防止装置）のように、衝突を阻止することが可能となる。

開戦を検討すべきパラメータの例を**図 6.9** に示す。図のように、条件①～③を満たすことが分かる。

図 6.9　パラメータの例

$m_A(t_0) = 1 \qquad m_B(t_0) = 2.01$

$res_A(t) = 1 \qquad res_B(t) = 2$

$f_A(t_0) = 4.1 \qquad f_B(t_0) = 1.9$

効果係数は、すべて1とし、分割率は戦術、戦略それぞれ、0.5とする。

$$-k_{F_B} r_{F_B} f_B(t_0) + m_A(t_0) = -0.5 \times 1.9 + 1 = 0.05 > 0$$
$$-k_{M_B} r_{M_B} f_B(t_0) + res_A(t_0) = -0.5 \times 1.9 + 1 = 0.05 > 0$$
$$-k_{F_A} r_{F_A} f_A(t_0) + m_B(t_0) = -0.5 \times 4.1 + 2.01 = -0.04 < 0$$
$$-k_{M_A} r_{M_A} f_A(t_0) + res_B(t_0) = -0.5 \times 4.1 + 2 = -0.05 < 0$$

$$-k_{F_B} r_{F_B} m_B(t_0) + res_A(t_0) = -0.5 \times 2.01 + 1 = -0.005 < 0$$
$$-k_{M_B} r_{M_B} m_B(t_0) + res'_A(t_0) = -0.5 \times 2.01 = -1.005 < 0$$
$$-k_{F_A} r_{F_A} m_A(t_0) + res_B(t_0) = -0.5 \times 1 + 2 = 1.5 > 0$$

$$k_{F_B} r_{F_B} k_{F_A} r_{F_A} f_A(t_0) - k_{F_B} r_{F_B} m_B(t_0) - k_{M_B} r_{M_B} f_B(t_0) + res_A(t_0)$$
$$= 0.25 \times 4.1 - 0.5 \times 1.9 - 0.005 = 0.07 > 0$$
$$k_{M_B} r_{M_B} k_{F_A} r_{F_A} f_A(t_0) - k_{M_B} r_{M_B} m_B(t_0) + res'_A(t_0) = 0.25 \times 4.1 - 1.005 = 0.02 > 0$$
$$k_{F_A} r_{F_A} k_{F_B} r_{F_B} f_B(t_0) - k_{F_A} r_{F_A} m_A(t_0) - k_{M_A} r_{M_A} f_A(t_0) + res_B(t_0)$$
$$= 0.25 \times 1.9 - 0.5 \times 4.1 + 1.5 = -0.075 < 0$$
$$k_{M_A} r_{M_A} k_{F_B} r_{F_B} f_B(t_0) - k_{M_A} r_{M_A} m_A(t_0) + res'_B(t_0) = 0.25 \times 1.9 - 0.5 \times 1 = -0.025 < 0$$

実際にこのパラメータで開戦した場合の結果を**図 6.10** に示す。期待通りの結果を得ることができることが分かる。ただし、これは、あくまでも、マクロ的なシミュレーション結果である。

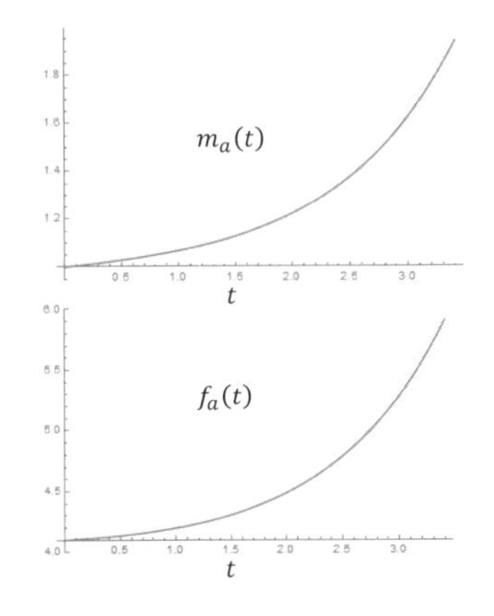

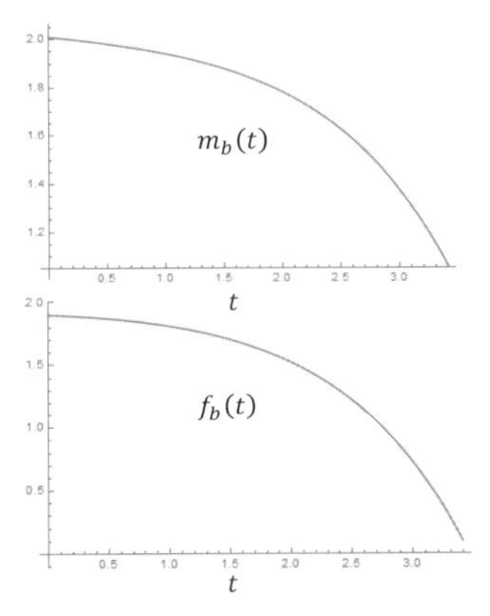

図 6.10　数値解析の結果

演習問題

問１　もし、技術革新がないならば、それぞれの国家ごとのリソース投入関数の戦闘開始から、戦闘終了までの時間積分値はどのような制約を受けるか考えなさい。

問２　工業力の初期値とリソース投入関数の戦闘開始からの時間積分値の合計と工業力値が異なる値をとる条件について考えなさい。

第７章　作戦立案と確率論

実際の戦闘の結果は、ランチェスター第２法則の導く結果に一意によるわけではなく、ある程度のバラツキを持つ結果となる。つまり、味方が全く同じ状況を作り出しても、敵の行動のバラツキ、および、天候などの不確定要素により、100 回同じ戦闘をした場合、結果はある程度の幅をもって存在するということだ。本章では、どのように作戦を建てれば、味方の状況に応じ、最も、確率論的に妥当な選択をできるかという点に的を絞って解説する。

科学は、不確定な要素を見積もることができる
それは、確率論である
従って、作戦立案にあたって確率論を参考にすることによって、
我々は、不確定な要素を
できる限り「コントロール」もしくは「見積もる」
ことができるようになる

確率論によると、(x-E[x]) ^2 の期待値は Var(X) と呼ばれ、そのルートをとったものを X の標準偏差という。標準偏差は、どういうことかというと、個々の事象が期待値からどれだけ離れているかを二乗し、その期待値を求めることで、その事象が、どれだけ、期待値からばらつくことが（即ち分散することが）期待されるのか示すことができる。

図 7.1　確率論の基礎

期待値

$$E[X] = \int_{-\infty}^{\infty} x dF_X(x)$$

$(X - E[X])^2$の期待値は

$$V_{ar}(X) = \int_{-\infty}^{\infty} (x - E[X])^2 dF_X(x)$$

$$= \int_{-\infty}^{\infty} x^2 dF_X(x) - E[X]^2$$

Xの分散と呼ばれる

$\sqrt{V_{ar}(X)}$ は、Xの標準偏差という

事象が正規分布に従う場合、標準偏差を変えると、正規分布を変えると事象は、下図のように変わる。期待値は両方とも 0 であり、標準偏差は青が、1 であり、黄土色が 5 である。標準偏差が大きくなると、事象は広くばらつくことが分かる。これを戦闘もしくは、戦争の結果と考える（即ち戦果と考える）とどうか。先ほど述べたように戦闘もしくは、戦争の結果はばらつくものである。どうしても、不確定な確率要素が入り込むからである。

図 7.2　正規分布の標準偏差

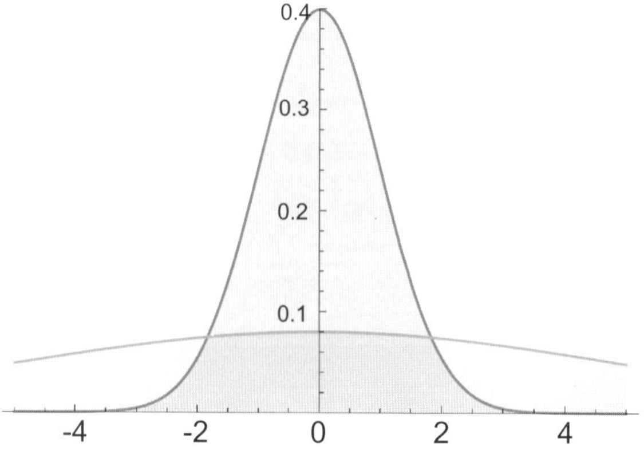

これを戦果のバラツキと考えると、下図のように考えることができる。中央の期待値として与えられる値（今回は便宜上0と与えている）は、ランチェスター第2法則もしくは、戦争の基本方程式で与えられる戦果である。即ち、実際の確率分布でも、理論解に結果は集中するのである。

しかし標準偏差が大きくなると、その集中の度合いが大きく変わる。例えば、標準偏差を5と与えると、それが、の時と比べて、非常に戦果の集中の比率は小さく、不確定要素によって、結果は大きく左右されることが分かる。

従って、下図に示すように標準偏差が大きい方の戦果の大きい部分が劣勢の陣営にとっては、劣勢挽回のチャンスであることが分かる。逆に標準偏差が大きい方の戦果の小さい部分が優勢な陣営にとっては本来不要なリスクであることが分かる。従って、劣勢の陣営にとっては、標準偏差の大きな戦術をとってランチェスター第2法則以上の結果を得る機会を増やすことが至上命令であり、一方、優勢の陣営にとっては、標準偏差を如何に抑え込んで、結果をランチェスター第2法則に落とし込むかがポイントであることがわかる。

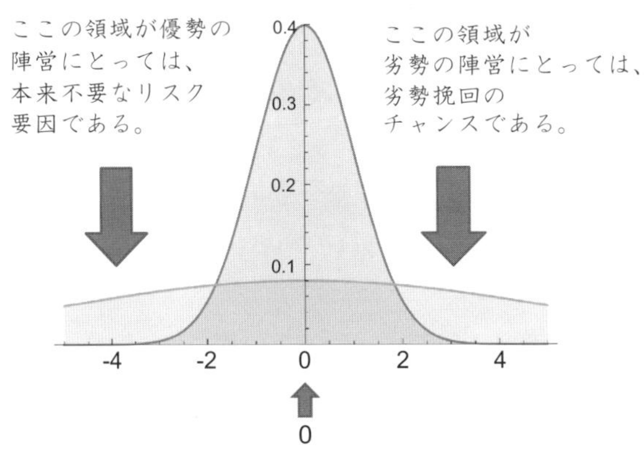

図 7.3　標準偏差の作戦立案への応用

次に、結果をバラつかせるために劣勢側が選択すべき戦術について述べる。

それは、奇襲と集中の原則である。奇襲を前提として、秘匿作戦をとり(もちろんリスクを承知で無線封止なども行う)、部隊を集中させて、遭遇時の攻撃力を増強すると同時に、敵のトラップラインや斥候部隊との遭遇を避けるのである。これにより、結果において、ばらつきの要素(即ち、確率的不確定要素)を増やすことができる。しかし、それは、相手国(優勢側)がバラツキをおさえる戦術をとらなかった場合のみである。即ち、この場合も、確率要素の選択権は優勢側にある。

・奇襲を前提とした秘匿作戦をとる。

・3次元的になるべく部隊の展開範囲を狭め(つまり、部隊を密集させて、敵のトラップラインと遭遇する確率を下げる。賭けの要素は強まるが、ばらつきが大きくなるので、勝った時に大きな戦果を得られる。)

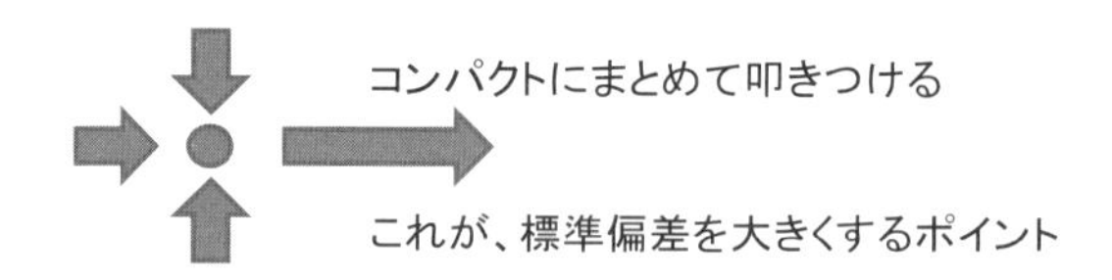

EX. 信長の桶狭間の戦術

図 7.4　結果をバラつかせる：劣勢側の戦術

優勢側は、劣勢側に、ばらつきの少ない（即ち、標準偏差が小さい）戦果を強いることができる。それは、即ち、

・トラップラインを敷く
・部隊を 3 次元的にある程度分散させる（立体的な分散がある程度保険の役割を果たす）
・無線封止等のリスク要因を排除する（味方の情報共有によってリスクを低減することを優先する→そもそも、ランチェスター第 2 法則通りに行けば勝つのだから、無理をして無線封止する意味はない。）

などの方策をとることを意味する。重要なことは、三次元的にある程度部隊を分散（相互援助可能な領域であることがポイント）させ、情報も共有することで、戦果を相手に強制する形の強襲にすることができるのである。ここで、賢明な読者は気づくと思うが、優勢側が奇襲を前提とした無線封止などを行うことは、不確定要素を増大させるという意味で、自殺行為である。

・トラップラインを敷く
・部隊を3次元的にある程度分散させる
（立体的な分散がある程度保険の役割を果たす）
・無線封止等のリスク要因を排除する（味方の情報共有によって
リスクを低減することを優先する→そもそも、ランチェスター第二則通りに
行けば、勝つのだから、無理をして無線封止する意味はない。）

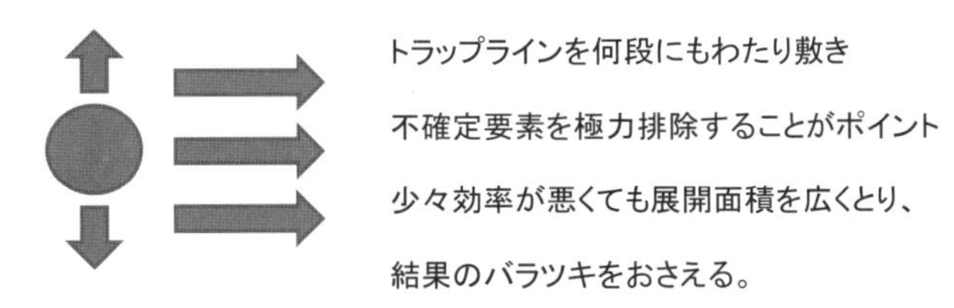

図 7.5　結果のバラつきを抑える：優勢側の戦術

ミッドウェー海戦で我々がしたことは、無線封止、機動部隊の集中、トラップラインを全く敷かないなど、奇襲に重きを置いた戦術で、「優勢な軍が選択すべき標準偏差をおさえる戦術」から著しく逸脱していた。結果は、史実の通りである。

第８章　形作る者が勝利を手にする

極意

決めるのは本質。最低のもののみ決める。上記の様に脅威を基準に優先度を定めると標的が固定化・硬直化することがない。ミッドウェーでは敵空母が、ガダルカナルでは、敵輸送船の優先度が高くなる。**柔軟な作戦指導の根本は、余計なことを決めないこと**である。その場その場で決めればよいことには、敢えて答えを穴埋めしないのである。

留まるな、さすれば腐る。
流されるな、さすれば、失う。
いざ、導かん。
戦を形作る者のみに、神は授ける。

柔軟こそ戦の極意

日本海軍の目標優先度……1位：戦艦　2位：空母　3位：巡洋艦

日本が大東亜戦争時に用いた目標の優先度は、日露戦争時に秋山真之が定めたものをベースにしていた。この優先度には輸送船などが含まれない。制度はいったん決めると硬直化する。→合目的で柔軟な意思決定が必要である。

Example：目標設定の例

戦場を作り上げるべし

敵が来るからとただ戦っていては、相手の戦争設計に乗ることになる。これでは勝機はない。勝つためには、戦場を自ら作り上げるというクリエイティブな才能が必要となる。

Example：長篠の戦い　　**図 8.1**

織田騎兵は武田攻城部隊を騎兵で叩き、囲みを解いた。武田主力（騎兵）の前方に戦闘工兵による野戦築城に火縄銃を持つ歩兵を並べた。武田方主将の勝頼は、騎兵の機動力を活かした機動的撤退戦が可能であるにもかかわらず、自軍の特徴を把握せず、騎兵に敵陣地への突撃を指示。これで勝敗は決した。このように、戦場の作り方をよく把握していれば、戦場を形作った方が勝つ。

まとめ

最後の作戦指導の奥義は、積極的に戦場を形作ることの重要性である。これは、受け身にならず、常に積極的に仕掛けなければならないという教訓である。また､例として解説している長篠の戦で分かるように、織田方が戦場を作る才に長けており、攻撃側であったはずの武田方が敗北した。このように攻撃防御いずれによらず、戦場を形作ることが最も肝要なことである

Knowledge：戦争の理論はマルチプラットフォームである

いつの時代も用兵理論は同じであり、プラットフォームやデバイスの違いは軍師による翻訳がカバーする。即ち、用兵においても最も重要なのは基礎である。

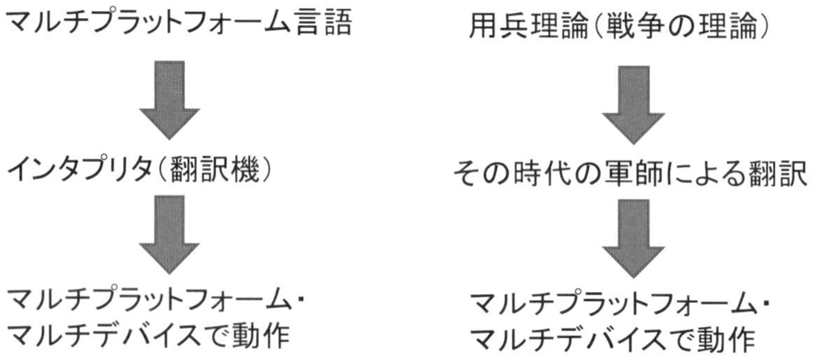

マルチプラットフォーム言語

インタプリタ（翻訳機）

マルチプラットフォーム・
マルチデバイスで動作

用兵理論（戦争の理論）

その時代の軍師による翻訳

マルチプラットフォーム・
マルチデバイスで動作

図 8.2　マルチプラットフォーム

第９章　平和構築の科学理論

今までは、戦争が起きた場合の対処を中心に述べてきた。第６章で国家の意思決定を数学でサポートすることに言及したが、その際、抑止の基本的な考え方について、数学に基づく合理的な意思決定を前提にして議論した。本章の議論は、基本的にその延長線であり、多国間の平和構築、新興勢力に対する抑止系（抑止システム）の安定性にも言及しているため、より、地域、あるいは世界全体の多国間の平和構築をする際に指針となる重要な理論である。

人の命を救うためには、思いだけでは足りない
適切なことを適切なタイミングで施すことができるスキル
そして、思い
その両者が揃って初めて人の命を救うことができる

従来の抑止理論は、基本的に系の安定性を、理性に基づく戦争の抑止のみに重きを置いて決めてきたため、一部から、安定解が青天井（つまり、戦力の均衡が大きい値で均衡すればするほど安定である）との批判を受けた。

筆者が指摘するのは、不慮のアクシデントによっておこる戦争の確率を見積もる方法である。基本的に、これは、戦力を管理するために必要なコストによって測ることができる。

筆者は、これを見積もるため、アクシデント指数（戦力管理時間）という新しい指数を導入している。この値が大きくなればなるほど戦力の管理が難しくなり、アクシデントによる戦争の確率が増大する。

理性に基づく戦争を抑え込むために戦力均衡の下限は決まり、新たに導入したこの指数の導入によって、戦力均衡の上限が決まる。したがって、抑止理論は青天井で、軍拡の根拠にしかならないという批判はもはや通用しなくなる。

新たな理論によって、抑止理論は「軍備の均衡をシステムの安定性が損なわれないように安定な量に管理する」という極めて科学的で定量的な議論の段階に突入することになる。

では早速、抑止理論の基礎から説明していこう。

戦争が起こる理由は大きく分けて二つある。一つは、理性によって始まる戦争。もう一つは、アクシデントによっておこる戦争である。

理性によっておこる戦争は、簡単に言えば、６章で扱った極めて数学的な意思決定に基づいた開戦のことである。このタイプの戦争は、人命を軽視したために起こるのではなく、状況が悪化して、より多くの人命を損なうことを防ぐために起こされる。したがって、このタイプの戦争は、社会に戦争に対する懲罰バイアス（徴兵制などで血の負担を民主主義国の国民に平等に与え、戦争が起こることによって懲罰的影響を被る人間を使って開戦の意思をそごうと社会に与えるバイアス）を与えても抑えることはできない。それどころか、このような安易な懲罰バイアスは、血の負担を強く意識させることによって、結果的にその負担を抑えるために、より開戦の合理的意思を強く促進する。

もう一つは、懲罰バイアスが戦争の抑止にある程度の効果を発揮するタイプの戦争。偶発的事故によっておこる戦争である。このタイプの戦争は、戦力の管理が行き届かないために起こるので、防止しようとすれば、戦力均衡のオーダーをある程度抑える必要が生じる。したがって、理性によっておこる戦争を抑える理論が軍拡の理論なら、アクシデントによっておこる戦争を抑える理論は、軍縮の理論である。この二つのせめぎあいによって、系の安定性を維持できる解の範囲は決定される。

理性によっておこる戦争のメカニズム

理性によって戦争が起こる様子は、わかりやすく言うと、現有戦力が優位な側が、工業力（外部の軍事支援も含む）で新興勢力に逆転され、現在の優位を保つために戦力と工業力の相互作用をスタートさせる（つまり、開戦する）必要に迫られたときである。

仮にA軍が戦力優勢、B軍が新興勢力で工業力優勢である場合、両軍の現有戦力の差を両軍の工業力の差で割ったものは、開戦しない場合にA軍の戦力優勢が覆されるまでの時間を表しており、系が不安定化するまでの時間を表している。この値が小さいほど、事態は切迫しており、A軍が開戦を決意する必然性が強くなる。逆にこの値が大きければ、戦力差が覆されるまでにかかる時間が長いので、その間に開戦以外の方法、例えば、圧力や海上封鎖などによって敵の工業力の稼働を止めさせることが可能であり、戦争の回避が可能である。

したがって、系の安定性を評価する際は、この値を（系が不安定化するまでの時間という意味で）**不安定化時間**と呼び、用いる。

・理性が始める戦争

均衡系が不安定化し、戦争が起こる確率が増大する様子は、系が不安定化するために要する時間（不安定化時間τ_{uns}）で表すことができる。分かりやすく説明するために、具体例を挙げると、A軍が戦力優勢、B軍が工業力優勢の場合、不安定化時間は、下式で表される。

$$\tau_{uns} = \frac{(f_A - f_B)}{(m_B - m_A)} \qquad \left(\text{ただし、} f_A > f_B, m_B > m_A \text{　とする}\right)$$

つまり、B軍が工業力の優勢を活かして、A軍の戦力優勢を覆すまでにかかる時間が系の不安定化時間である。この時間が短いほど、A軍には戦力と工業力の相互作用を機能させて（つまり、戦争の開始）、B軍に対する優勢を維持しなければならないという強い危機感が生じる。

図 9.1　理性が始める戦争

一般に新興の工業強国が、従来国の戦力均衡を脅かすために必要な時間（不安定化時間τ_{unsN}）は、
新興国の初期戦力 f_N
新興国の工業力 m_N
従来の最も戦力を有する国家の戦力 f_{MAXC}
従来の最も戦力を有する国家の工業力 m_{MAXC}
と置くと下式のように表される（ただし$f_{MAXC} > f_N, m_N > m_{MAXC}$とする）

$$\tau_{unsN} = \frac{f_{MAXC} - f_N}{m_N - m_{MAXC}}$$

工業力が強く、戦力が弱い国家、つまり新興国にとって、τ_{unsN}は軍備拡大を続けて従来の均衡を覆すまでの時間を表しており、既存の強国にとっては、開戦を決断しないでも戦力優勢を維持できる残りの時間を意味する。
すなわち、この時間が短くなると、戦力優勢側の国家は、理性に基づき、開戦をして、優勢を維持するという決断をする確率が大幅に高くなる。

図 9.2　不安定化時間の一般化

ここで、そもそも工業力の大きさに従って相応の戦力を保有すれば、前述した戦力と工業力の逆転現象は起きない。したがって、複数の国々が安定して平和を維持するためには、それぞれの国が工業力相応の軍事力を保有することが、理性に基づく戦争を防ぐうえで重要であることがわかる。したがって次ページの結論を得るが、その際に重要なのは、常に、新興勢力がある程度の工業力をもって突然出現する（例えば、既存の工業地帯の独立宣言など）可能性を考慮した上で、系の戦力均衡自体

をある程度のオーダーで維持することが重要ということである。

どこにも属さない、管理されていない最小の工業力のオーダーとして、**浮遊工業力**という概念を導入し、それに対する安定を確保するためにある程度の戦力を、均衡の最後尾の国も保有できるようにするのが望ましい。

一般に国家(1,2,3,,,,N)が存在し、それぞれの工業力の大きさが、

$$m_1 > m_2 > m_3 > \cdots > m_N$$

で、表されるとき、戦力の大きさの間に下式の関係があるとき、系は安定であると言い、国家間の戦争の確率が極めて低くなる

$$f_1 > f_2 > f_3 > \cdots > f_N$$

つまり、工業力の規模に合わせた戦力を各国が保有し、両者のアンバランスを避けるようにするだけで、戦争の可能性を大幅に減らせるのである

ここで、均衡の大きさが小さくても順序が守られていれば安定という考えを導く方もいるかもしれないが、それでは、この安定系の外にいる新興国に対する安定を確保できないことになる。つまり、新興国との戦力差は、工業力の差の何倍かのオーダーで常に必要であるということである。

図 9.3　国家間の平和構築の方法

アクシデントによる戦争

アクシデントによる戦争が起こる理由は、戦力の管理が行き届かないためである。これは、戦力の規模が大きくなりすぎた場合に大きくなる。これは、戦力の管理のコスト、特にそれの管理に割いているリソースに対して戦力の規模がどうなのかということで見積もることができる。

ある国が単位時間に管理可能な戦力量 f_C とした場合にその何倍の戦力を管理しているかを理論的に**戦力管理時間**(アクシデント指数)t_{CT} と名付け、この値が大きければ大きいほど、管理にコストがかかることを意味し、アクシデントによる戦争開始の確率が上がることを意味する。

この抑止理論は、上限下限を両方決めることができ、軍拡や、軍縮という一方的な理論ではなく、軍備の規模を合理的スケールに管理するという新しい概念を生み出すことになる。

・アクシデントによる戦争の開始

戦争が起こる場合その理由は、理性による合理的な理由に限らない。戦力の管理が行き届かず、戦力がテロリストに流出したり、戦力の間の意思疎通が不十分で、アクシデントが起き、戦争が開始される可能性がある。その可能性を図るものがアクシデント指数(戦力管理時間:t_{CT})である。t_{CT}は、
それぞれの国の戦力(f)について、
その国が単位時間に管理できる戦力量(f_C)を使って、

$$t_{CT} = \frac{f}{f_C}$$

と表され、この値が小さいほど、アクシデントによる戦争開始の確率は下がる。(つまりこの値が大きいほど、アクシデントによる戦争開始の確率が上がる)。系の値をまとめる際はすべての国についてのこの値の最大値を用いる。系の安定性を決める下限が、不安定化時間なら、戦力管理時間は系の安定性を決める上限である。
したがって、この古典的な議論においてもこの値は、上限を決定することになり、抑止理論が軍拡の根拠にしかならないというステレオタイプな批判は成立しない。

For Your Opinion

開戦劈頭の我が海軍の雄姿
(真珠湾攻撃に向かう翔鶴の艦載機)

ミッドウェー海戦により、我が海軍は、開戦劈頭から活躍した貴重な正規空母４隻（赤城、加賀、飛龍、蒼龍）を喪失する。以後、日本海軍はそれ以前の勢いを一度も取り戻すことなく、消滅への道を辿る。

米軍の急降下爆撃により大破した空母飛龍

空母翔鶴

真珠湾、以来数々の空母航空戦を戦い抜いてきた翔鶴、瑞鶴の姉妹にも最期が訪れる。マリアナ沖海戦で米潜カヴァラの放った4本の大型魚雷がガソリンタンク付近を直撃し、翔鶴は壮絶な最期を迎える。なお、この海戦でも瑞鶴の被害はない。被害担当艦として最後まで翔鶴は瑞鶴を守ったのであった。この海戦では、日本海軍の新鋭空母の大鳳が魚雷の被弾により、損傷したガソリンタンクから気化したガソリンにより、大爆発を起こして沈没した。彼女の艦齢はわずか三ヶ月だった。

沈みゆく空母瑞鶴

翔鶴の沈没から4ヶ月後、レイテ沖海戦に出撃する栗田艦隊を支援するため、瑞鶴は囮艦隊としてわずかの仲間と出撃し、米機動部隊の集中攻撃を受け、沈んでいった。被害担当艦翔鶴の後を追い、帝国海軍の栄光を知る空母瑞鶴は沈んだ。

空母信濃

帝国海軍が最後の望みを託した戦略空母信濃は、横須賀から呉を目指す途上、米潜の放った魚雷４本の命中により損傷。浸水を食い止められずに沈没する。彼女の艦齢はわずか10日だった。大和の喪失と合わせて信濃の喪失は、帝国海軍の終焉を意味した。

いかなる役割、いかなる任務にも無駄はないし、いかなる犠牲にも意味があると筆者は固く信じる

陸軍特別攻撃隊の突入（1945/1/8 ルソン島の戦い）
重巡洋艦「ルイビル」に九九式襲撃機が命中した瞬間

もしも、あの日、斃れた先人たちが、甦るならば
他のどんなことよりも、
私たちが今、未来を変える方法を手にしていることを伝えたい
それは、未来への一筋の希望になるに違いない。

レイテ湾へ向かう連合艦隊最後の雄姿
（右から長門・武蔵・大和…1944 年 10 月）

鹿児島県徳之島、伊仙町犬田布岬にある戦艦大和慰霊塔

（Snap55 氏撮影。元ファイルはカラー写真。 https://ja.wikipedia.org/wiki/%E3%83%95%E3%82%A1%E3%82%A4%E3%83%AB:Intabu_cape.jpg より）

懸命に祖国日本を護った「彼女」は、今も北緯 30 度 43 分東経 128 度 04 分に数多の将兵と共に眠る。

二枚の表紙の狭間で

皆さまは本書の表紙と裏表紙を御覧になって何を思われただろうか。僕がこの二枚の写真を載せたのにはとても大きな理由がある。この二枚の写真の間にある運命を変えたいと強く願ったからであり、たとえ夢の中にすぎなくとも、彼らに違う結末を迎えてもらいたいと強く願うからである。

僕がこの研究に足を踏み入れたのは、真珠湾のとき間違いなく世界一の規模と強さを誇っていた我々の海軍が、なぜレイテ沖海戦を最後に事実上壊滅することになったのか。科学の力で当時の彼らの身に何が起きたのか知りたかったからである。

はじめは、科学者としての素朴な疑問から始まった研究だったが、戦場に消えて行った彼らの思いを少しずつ少しずつ感じていくうちに、僕の中には強い思いが宿っていった。

彼らの多くは、友のために、家族のために、思い人のために、死力を尽くして戦い、そして倒れた。科学者として彼らの為にできることは、彼らがなぜその運命を辿ったのか解明すること、ひいては裏表紙の写真を別のものにできるようにすることである。

先の大戦。死んでほしくない人たちが、たくさん逝った。とても理不尽。悲しくて悔しくてやりきれない。だからどうしても、その人たちを救うことができた方法を探そうと思った。あの日、生まれていなくてごめんなさい。科学者としての僕は、（彼ら彼女らを救えなかったことを）常に謝っている。もう、取り返しはつかないかも知れないけれど、もしできるなら、彼らの命のかけらを思い切り抱きしめてあげたい。

むろん、過去の出来事は変えることはできず、運命は変わらない。だが、もし二つが繋がってしまった本当の理由にたどり着き、戦場を支配する普遍の原理にたどり着くことができれば、彼らの思いに応えることができる。今、私たちは、未来を変える科学という方法を手にしているということを伝えることができれば、どれだけ安らかな鎮魂の歌になるだろうか。僕は一人の科学者として、彼らと、今を繋ぎたかった。それが、あの二枚の写真である。

僕の文章を読んで随分と感情的だなと思う読者も少なくないと思う。僕の好きな言葉に、「科学者ほど、闘争的で、情熱的で、感情的な存在を僕は他に知らない」というものがある。

人を救いたいという、極めて情熱的で感情的なことに突き動かされて闘争的に仕事をしているという意味において、科学者ほど激しく感情的な存在を僕は知らない。だから僕は、それぞれの命が抱きしめたいほど大切だから、この理論を打ち立てた。戦場の露に誰ひとり消えて欲しくないから。

その時に僕を導く信念となったのは､硬直化した方法論は（結果的に）人を殺すという真理。だから、物事は柔軟に、合理的に考えたいと思った。特に戦争という物理現象の塊に立ち向かうためにはそれなりに科学的アプローチが必要。人を救おうとするならば、科学をしなければならない。我々は（科学によって）何をすべきか知る必要があるからだ。人命尊重という原点を大切に、大胆にこの学問が発展することが僕の願いである。

本書に掲載された数多くの数式は、一部読者の理解を大いに助ける一方で、多くの読者の理解に向けた意欲を一時的に削いでしまうかもしれない。

だが、そんな読者にはぜひ思いを馳せて欲しいことがある。数式は、止まった、ただそこにあるだけのものではなく、訴えかけてくるものであると。戦場で何が起きていたのか、数式は雄弁に語りかけてくる。彼らの身に起きたこと、そして、それを知らなければ、これからも私たちの身にも起こるかもしれないことを。是非とも、数式に耳を傾けて欲しい。

第二版の刊行に当たり、より多くの読者にその思いを伝えるために、多くの解説を取り入れた。参考にしていただければ、幸甚である。

筆者

あとがき

戦争の実践的教科書はいかがだったであろうか。恐らくは戦争を扱った他の書籍との違いに驚いた方も多いのではないかと推察する。筆者は、安易な軍事力の行使に強く反対するものである。本書の読者には、たとえ安全保障のリーダーになっても、誰よりも人命を大事にするリーダーになって欲しいと切に願っている。

本書を貫く思い、それは、失われる人命をたとえ一人でも多く、科学の力で救うためには、人命をあえて「数」として厳格に扱う必要があるという強い信念である。犠牲を最小にするために敢えて、命を「数」として扱い、数理科学を駆使して、これを守っていくための手引きとして、筆者は本書を上梓した。

かつて、山本五十六元帥は「百年兵を養うはただ平和を護るためである」と言った。まさにその通りであるが、そのご本人が日米開戦の火蓋を切ることになった。誠に無念であったと思う。

万が一やむを得ず開戦が避けられない場合、本書の分析はタイミングの決定に大きく寄与するであろう。「開戦しなければ、より多くの人命が失われる」場合、如何に罪深いことであっても、最適なタイミングで開戦を決断しなければならない。一方で、本書の後半にある「戦争忌避判定」に抵触する場合、断じて開戦してはならないし、たとえ戦争中であっても、万難を排して終戦を断行すべきである。

政治や軍事には常に決断が伴う。どのような決断をしても残念ながら失われる笑顔があり、政治家や軍人の仕事は、その失われる笑顔が最も少なくなるように決断することである。言うなれば、彼らは人々の罪を担う。そのため、その覚悟のないものが行うべきではない。彼らは罪深く孤独なものである。決断に伴って失われる笑顔に対する責任は終生消えることはなく、許されることもない。だが、また決断によって守られた全ての笑顔を自らの死の間際に思い浮かべることが許されている。

日本の若者よ、安全保障をリードするリーダーを目指してほしい。

さて、本書は首尾一貫「科学」によって書かれているが、科学というものは無機質で、特に科学者は、感情に左右されない冷淡な生き物であるという印象を抱いている人も多いと思う。しかしそれは、半分真理であり、半分真理ではない。

科学者にとって科学がなぜあるのかといえば、人々の幸せ、命を守るためである。科学者を「駆動」するのは、人の命に対する強い思いであり、大切な人、かけがえのない人の命を、幸せを守りたいという強い思いである。そして、その強い思いがあるから、敢えてすべての感情を排除して、「客観的に」「対象」に向き合うのである。あらゆる予断、感情を排除して、問題に立ち向かう姿勢は、むしろ対象を救いたいという強い感情から出る行動なのである。

僕もその例外ではない。いのちをこの上なく愛おしく、失ってはならないと強く思うからこそ、「数」に置き換え、厳格な科学的アプローチによって犠牲を最小化するのである。したがって、本書は、人命を守るための矛であり盾として編まれた。

僕が読者諸氏に切に訴えたいのは、本書を人命を守るために駆使してほしいということである。

本書では、戦力や工業力、労働リソースを「数字」として扱っている。だが、忘れないで欲しい。その数字一つ一つを構成するのは、かけがえのない一人一人の人間の命であることを。これらを数字として扱うのは、そのように定量的な分析を行わないと、より多くの人命を失うことになるからである。一人たりとも犠牲になって良い人命などない。

一人の人間の周りにもパートナー、両親、子供たち、友人たち、本当にたくさんの人々がいる。一人の人命の喪失は、本当に大切な多くのものを多くの人に失わせ、取り返しのつかない深い傷を負わせるものであることを強く肝に銘じて欲しい。

定量的に扱わなければ、国家も民衆もより多くの犠牲を払い、涙を流すことになる。その悲劇を避けるために、本書は定量的な分析に終始している。だからこそ、そこで扱われている数値が、命を表す数であることを、強く認識していて欲しい。

ここで、本書の学問的位置づけについて触れる。本書は、近年の欧米の研究からは遺棄された「戦争の定量的解析」を拡充し、とりわけその総力戦についての総合的な研究を試みたものである。従って、近年欧米において盛んな非対称戦についての研究などの傾向からは、大きく離れている。だが僕は、断固としてこの研究を推し進めねばならないとの確信をもってこの研究を進めた。理由は、二つ、

一つめは、安全保障において最も、研究の対象にしなければならないことは、それが起きた場合に最も破滅的な結果をもたらすものであるということ。そして、二つめは、アジアにおける軍拡のペース、そしてミサイル防衛による核の相対兵器化によって、再び生産力と戦力の相互作用を詳細に検討する必要がある時代に突入したとの強固な認識による。

本書の読者に理解してもらいたいことがある。それは、本書の知恵をどのような目的に使うかと言うことである。筆者は、安易な軍事力の行使を強く戒めるものである。また、その立場から本書を記した。

本研究は、総力戦についての総合研究であるため、その結果を安易に用いてはならないことは明らかである。しかし科学は、中立であるため、我々はその悪用を阻止することもできない。だが、敢えてこの科学を公開することによって、私は、多くの良心的な科学者がこの学問を発展、応用することによって、一部の悪用の試みを上回る成果を上げることができると考えた。何度も書いてきたが、科学はとりわけ、人命を救うために役立てられなければならない。人々の何気ない、空気のような幸せや日常の笑顔を護るために使われなければならない。

だから、あの悲劇を繰り返さないために、僕は全身全霊でこの学説を打ち立てた。その意味では、僕は、人生に一切の悔いはない。

ここまでお読み下さった皆さんに、お伝えしたいことが四点ある。

一つは、原則を、本質を理解した上で大切にしていただきたい。本書は、戦争を実践的に解説した書である。できる限り本質を書くことで、いつの時代にも役に立つように書いたが、どうしても時代に依存した部分が

ある。そんなときは、皆さんが本質的に大切にすべきと思うことを大切にしてほしい。決して、教条主義的に本書の解釈を固定化することのないよう、お願い申し上げる。

もう一つは、常に新しい事に対応できるように頭を柔軟に、場合によっては、本書の教えを乗り越えることを考えていただきたい。筆者は、そんな教え子が出現することを心から願っている。

加えて、ご自身が戦争を、人間を知っていると過信しないでいただきたい。まして将たるものは、「足らざるを知る」ということを肝に銘じていただきたい。

最後に、読者諸氏に出師の要諦をお伝えする。これは本編で描かなかった「精神論」ともいうべきものだ。科学に「べき論」はないが、科学者にはそれがある。

いかなる役割、いかなる任務にも無駄はない、と強く認識を持つことだ。もちろん、さらなる犠牲の最小化を求め続ける姿勢は正しい。しかし、自分の主義に反するいかなる味方の犠牲にも意味があり、また、意味を与えるのも皆さんであることを忘れずに、常に謙虚な姿勢で作戦指導に臨んでいただきたい。

統率の本質は兵士の心をつかむことである。

以上を噛み締めて未来を切り開くことで、皆さんの将来、日本の将来、世界の将来は、実に明るいものになることを筆者は確信する。

もしも、あの日に帰れたら、失われた命のかけらを拾い集めるのではなく、一人一人の人生を取り戻してあげたい。読者諸氏がそのおもいを共有し、日本の人々の幸せ、世界の人々の幸せを護りたいと強く願ったとき、世界の人々の幸せを護ることの出来るリーダーが生まれることを筆者は強く信じている。

平成三十年十二月八日　菊地英宏

編集部より

日本が何とか戦争をせずに済んだ平成も、間もなく終りを迎えようとしています。ひとえに日本国民が先の敗戦に学び、改元より三十年もの間、戦争の悲惨さを繰り返すことのなきよう励んできた成果と言えましょう。

戦争を防ぐ手段はただ一つ、戦争というものから目を背けず、避けるためにこれを学ぶことのみです。この狭い世界で我々が生き抜くためには、殺し合いに至るまでの過程を綿密に学び、それを防ぐための知恵を出し合わねばなりません。

曰く、師の處る所は荊棘生ず、大軍の後には必ず凶年あり、と。

また曰く、其れ兵を佳くする者は不祥の器なり、物或は之を悪む、故に有道の者は處らず、と。

数千年前から、人は戦争を嫌ってきたのです。

今の世を見渡してみると、軍事に関する真剣な議論がなされているとは言い難い状況です。戦争という愚行を繰り返さないためには、その愚行について学び、賢くならねばなりません。戦争が他人事となり、「何となく怖ろしいもの」といった曖昧な対象となってしまえば、戦争はすぐ目の前に近付いているようなものです。戦争の原理を知り、理解すること。それこそが戦争を防ぐ一番の方法なのです。

この書は軍事に関するものですが、現場での戦術以外に、開戦や終戦の判断といった、高いレベルでの決定にも資するものです。

歴史に鑑みるに、「執政者の人格」という、大変不確実なものによって戦端が開かれることがありました。戦争とは常に、後から考えればじつに下らない理由で起こります。無茶な戦争により喪われる数多の命を救うためには、絶えず学び、分析を続けなければなりません。本書はその方法を、科学によって示すために編まれました。

今まで戦争は、主に歴史によって分析されてきました。歴史は人間の偉大な営みの一つであり、いっそう学ばれねばならないものです。私たちが過去を学ばなければ、明るい未来はあり得ません。

では失敗と教訓を何によって活かすか？　活かす先は何か？　それを考えたとき、私たちは科学へと思い至ります。

科学は失敗しがちな人類が生み出した「試行錯誤のための方法」に過ぎませんが、科学の議論に身分はありません。大人が間違いを犯したとき、正当な根拠と順当な手続きをふめば、一人の子どもの主張も大勢を覆すことができます。それは、数字と、検証可能な方法を用いることで、印象や感覚になるべく左右されずに物事を考えることができるからです。

戦後の民主主義は、我々に大きな政治的権利を与えるとともに、国家の一員として、国家の意思決定においても大きな責任を持たせることとなりました。私たちの住む国の行く末について、私たちが担う責任は、たいへんに大きなものとなったわけです。

そうなると私たちは、私たちの判断の仕方について吟味をする必要がありますが、そこに必要になってくるものの一つが、科学です。

敗戦後、日本においてややもすれば等閑視された軍事という分野に、科学という、いまのところ最も信頼性の高い基準を提供することは、戦争を厭い平和を愛する人間として、社会奉仕の使命を帯びた一企業として、また天下に新たな知見を提供する出版社としてできる、最大級の貢献であると信じます。

勝つのでもなく負けるのでもなく、ただ戦争を防ぐという目的を以て、本書を送り出します。

平成三十年　師走　はるかぜ書房編集部一同

著者略歴

きくち ひでひろ
菊地英宏

昭和 54 年 1 月茨城県土浦市に生れる

平成 13 年 3 月筑波大学情報学類卒業

平成 18 年 3 月同大大学院博士課程システム情報工学研究科修了

博士（工学）

工学分野での開発職、研究職を経て、独立。

現在、山口多聞記念国際戦略研究所において代表・首席上級研究員

現在茨城県土浦市在住

数学監修者略歴

きりの たけとも
桐野健智

昭和 51 年生まれ

慶應義塾大学理工学部物理学科卒業

学士（物理学）

東京大学大学院工学系研究科システム量子工学専攻修了

工学修士（原子力）

戦場(せんじょう)の科学(かがく)

勝利へのアルゴリズム

ISBN978-4-909818-02-7
平成30年12月8日 初版第1刷発行

著　者：菊地(きくち) 英宏(ひでひろ)

発行人：鈴木 雄一
発行所：はるかぜ書房株式会社
〒140-0001
東京都品川区北品川1-9-7トップルーム品川1015号
TEL: 050-5243-3029 DataFax: 045-345-0397
E-mail: info@harukazeshobo.com
Website: http//www.harukazeshobo.com
印刷所：株式会社ウォーク